AF475450

GOUVERNEMENT GÉNÉRAL DE MADAGASCAR ET DÉPENDANCES

NOTICE
SUR
MADAGASCAR

HISTOIRE — GÉOGRAPHIE
VOIES DE COMMUNICATION — ADMINISTRATION — COMMERCE
INDUSTRIE
AGRICULTURE — COLONISATION — MAIN-D'ŒUVRE

D'APRÈS

LES PUBLICATIONS ANTÉRIEURES ET LES DERNIERS RENSEIGNEMENTS
FOURNIS PAR MM. LES CHEFS DE SERVICES
ADMINISTRATEURS CHEFS DE PROVINCE ET COMMANDANTS DE CERCLES

PAR RENÉ FOURNIER
ADMINISTRATEUR ADJOINT DES COLONIES
CHEF DE BUREAU AU SECRÉTARIAT GÉNÉRAL

Avril 1900

PARIS
IMPRIMERIE NATIONALE

MDCCCC

NOTICE

SUR

MADAGASCAR

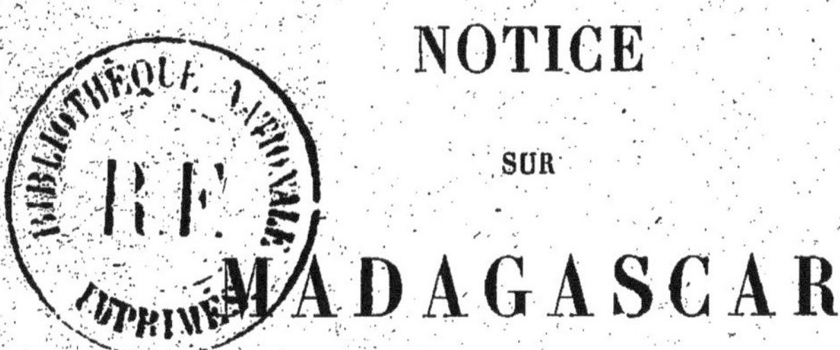

GOUVERNEMENT GÉNÉRAL DE MADAGASCAR ET DÉPENDANCES

NOTICE
SUR
MADAGASCAR

HISTOIRE — GÉOGRAPHIE
VOIES DE COMMUNICATION — ADMINISTRATION — COMMERCE
INDUSTRIE
AGRICULTURE — COLONISATION — MAIN-D'OEUVRE

D'APRÈS

LES PUBLICATIONS ANTÉRIEURES ET LES DERNIERS RENSEIGNEMENTS
FOURNIS PAR MM. LES CHEFS DE SERVICES
ADMINISTRATEURS CHEFS DE PROVINCE ET COMMANDANTS DE CERCLES

PAR RENÉ FOURNIER
ADMINISTRATEUR ADJOINT DES COLONIES
CHEF DE BUREAU AU SECRÉTARIAT GÉNÉRAL

Avril 1900

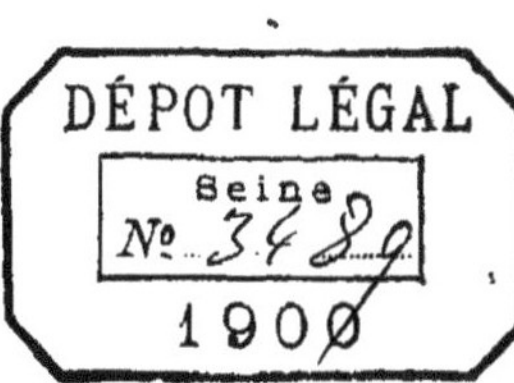

PARIS
IMPRIMERIE NATIONALE

MDCCCC

En 1768, près d'un siècle plus tard, une nouvelle tentative d'établissement fut effectuée par le comte de Maudave, qui prit possession de Fort-Dauphin, au nom du Roi. Mais, en 1770, la colonie fut de nouveau abandonnée par nos compatriotes.

Cependant, quatre ans plus tard, Benyowski, Hongrois au service de la France, s'installa dans la baie d'Antongil, à la tête d'une troupe de Français. Son entreprise, d'un caractère essentiellement commercial, réussit au delà de toute espérance et donna, dès l'origine, des bénéfices considérables; il parvint même à avoir sur les tribus des environs un tel ascendant, qu'en 1776 elles le proclamèrent leur chef suprême. Benyowski, sans cesse aux prises avec les administrateurs de l'île de France, donna alors sa démission de «Gouverneur, pour le Roi de France, des établissements d'Antongil» et se consacra entièrement à l'organisation du petit État qu'il rêvait de créer à son profit. La France ne pouvait évidemment tolérer cette usurpation de territoire. Des troupes furent envoyées de la Réunion pour rétablir nos droits : Benyowski succomba dans une rencontre, le 23 mai 1786.

Peu de temps après, le général Decaen, gouverneur des Mascareignes, jeta les bases d'une organisation des possessions françaises à Madagascar et, en 1801, envoya, en qualité d'agent général, Sylvain Roux à Tamatave, choisi comme chef-lieu. Nos guerres avec l'Angleterre, qui marquèrent la fin du premier Empire, nous obligèrent à abandonner momentanément ce port. Mais Sylvain Roux en reprit possession en 1818, malgré les protestations de sir Robert Farquhar, gouverneur de l'île Maurice, laissée aux Anglais après les traités de 1815, et installa des représentants dans les principales localités de la côte est, où quelques-uns de nos compatriotes avaient créé des comptoirs commerciaux.

Pendant que s'accomplissaient ces événements, survenait un fait capital dans l'histoire de Madagascar : la naissance de l'hégémonie hova.

Jusque vers la fin du XVIIIe siècle, les divers petits peuples de la grande Île avaient vécu dans une indépendance à peu près complète les uns des autres; à partir de cette époque, les Hovas, maîtres d'une partie du plateau central, se révèlent à l'attention de leurs voisins et du monde civilisé par la supériorité de leur race et leur esprit de conquête.

Dès le début de son règne, en 1787, le fondateur de la dynastie qui a pris fin avec Ranavalo III, Andrianampoinimerina, fit à ses sujets la déclaration suivante : «Il faut que toute cette terre m'appartienne; la mer doit être la limite de mon royaume». Et, de fait, lorsqu'il mourut en 1810, après avoir doté son peuple d'une organisation que nous louons aujourd'hui, Andrianampoinimerina avait mis à exécution une bonne partie de sa résolution, conquérant successivement le pays des Sihanakas, le royaume des Bezanozanos et celui des Betsileos.

Radama Ier, son successeur, s'appliqua à développer la civilisation hova et à fortifier son empire dont il voulut porter aussi plus loin les limites. Sous l'influence du Français Robin, il fit exécuter de grands travaux. A l'instigation de sir Robert Farquhar, qui avait compris tout le parti qu'il pourrait tirer de la prépondérance hova opposée à la nôtre, Radama favorisa l'installation en Imerina des missions britanniques, qui y créèrent de nombreuses écoles, et signa, le 23 octobre 1817, un traité favorable à l'Angleterre. Il mourut le 27 juillet 1828, laissant le pouvoir à son épouse Mavo, qui prit le nom de Ranavalona Ire.

Deux des conquêtes de Radama avaient été faites à notre préjudice. En 1822, il s'était emparé de Tamatave et, en 1825, de Fort-Dauphin. Le Gouvernement français, pour punir ces actes audacieux, envoya à Madagascar, en 1829, le capitaine de vaisseau Gourbeyres. Celui-ci bombarda Tamatave, Pointe-à-Larrée et Tintingue. Mais cette démonstration fut sans résultat et le Gouvernement de Louis-Philippe ordonna au capitaine Gourbeyres de rallier la Métropole.

Rendus intraitables par notre inaction, les Hovas cessèrent alors toutes relations avec la France, ainsi d'ailleurs qu'avec l'Angleterre; ils expulsèrent de Tananarive les missions étrangères et infligèrent aux traitants européens les pires vexations.

Néanmoins, un Français, Jean Laborde, venu à Tananarive en 1831, était parvenu, par la supériorité de son intelligence, à s'emparer d'une façon si complète de l'esprit de Ranavalona Ire, que celle-ci lui conserva sa protection au milieu des ennuis de toutes sortes dont elle accablait nos autres compatriotes. Cette bienveillance fut largement continuée par Rakoto, qui monta sur le trône en 1861, sous le nom de Radama II. Celui-ci, complètement gagné à la France par Laborde, inaugura en faveur de nos nationaux un régime libéral; il souhaitait l'établissement du protectorat de la France sur Madagascar, moyennant la reconnaissance définitive de l'autorité hova sur l'Île entière; il fit même faire des propositions dans ce sens à Napoléon III, qui y acquiesça en principe. Radama II fut malheureusement, après vingt et un mois de règne, assassiné par des bandits à la solde de ses propres ministres. Sa veuve, Rasoherina, fut proclamée reine. Elle mourut le 1er avril 1868. Ranavalona II, sa cousine, lui succéda et gouverna de concert avec son premier ministre, en même temps son époux, le fameux Rainilaiarivony, qui devint bientôt le véritable maître des destinées du royaume.

L'Angleterre, cependant, avait réussi à passer, avec le Gouvernement malgache, en 1867, une convention assurant la protection des missionnaires britanniques dans toute l'Île. A notre tour, nous signâmes, le 4 août 1868, avec la cour d'Émyrne un traité permettant, notamment, à nos compatriotes « d'acquérir ou de prendre à bail toute espèce de biens meubles et immeubles et de se livrer à toutes opérations commerciales ou industrielles non interdites par la législation en vigueur ». Mais les conséquences favorables de ce texte furent immédiatement annihilées par un décret du premier ministre interdisant de vendre des terres aux étrangers, sous peine de dix ans de fer. C'est ce qui amena en grande partie la rupture définitive qui se terminera plus tard par l'annexion de l'Île à la France.

En effet, Jean Laborde étant mort en 1878, le Gouvernement malgache refusa, par application des dispositions de ce décret, d'autoriser ses héritiers à réaliser sa succession immobilière. Peu de temps après, Rainilaiarivony crut

APERÇU GÉOGRAPHIQUE.

Position géographique. — L'île de Madagascar est située dans l'océan Indien, à 3,000 lieues de la France, entre 40° 51′ et 48° 57′ de longitude est et entre 11° 57′ et 25° 38′ de latitude sud. La plus grande partie de son territoire est donc dans la zone tropicale. Elle est séparée de l'Afrique par le canal de Mozambique, dont la largeur moyenne est de 400 kilomètres environ; elle se trouve à 600 kilomètres et à l'ouest de la Réunion.

Configuration générale. Orographie. — Madagascar occupe le troisième rang parmi les îles du globe classées d'après leur étendue; sa superficie est d'environ 600,000 kilomètres carrés; elle est donc plus grande que la France, la Belgique et la Hollande réunies. Sa longueur, du nord au sud, est de 1,580 kilomètres, sa largeur moyenne, de 430 kilomètres.

L'Île est à peu près partagée en deux versants par un soulèvement de conformation très irrégulière qui la traverse du nord au sud, parallèlement à la côte est et dont l'arête principale est, en moyenne, trois fois plus rapprochée de celle-ci que de la côte ouest. Il en résulte que, tandis que sur le versant est les cours d'eau sont torrentueux et les contreforts très raides, sur le versant ouest, au contraire, les fleuves et rivières, très longs, parcourent de vastes plaines étagées qui forment une série de gradins descendant de ce qu'on est convenu d'appeler le plateau central, d'une altitude moyenne de 1,000 à 1,200 mètres, jusqu'au canal de Mozambique.

Le point culminant de l'Île est le mont Tsiafajavona (2,680 mètres) dans le massif de l'Ankaratra (plateau central), d'origine volcanique. Dans le Nord, la montagne d'Ambre, près de Diégo-Suarez, est également remarquable par l'altitude de son principal sommet (1,360 mètres). Enfin, il convient de noter, au sud, près de Tamatamo, le mont Triombivositra, moins pour son altitude que parce qu'il sert de point commun à trois bassins opposés par le sommet : celui de l'Onilahy à l'ouest, celui du Mananara à l'est et celui du Mandraré au sud.

Nature du sol. — Le sol du haut pays, notamment celui du plateau central, est composé d'une sorte d'argile rouge, chargée en silice; contrairement à l'impression de stérilité que peut donner quelquefois l'aspect des vastes croupes mamelonnées qui le constituent, il n'est nullement infertile. Travaillé avec soin, ce terrain, que recouvrent souvent de beaux pâturages, s'ameublit en effet très rapidement et, pour peu qu'il soit fumé, permet de nombreuses cultures (maïs, manioc, haricot, canne à sucre, patates, pommes de terre, etc.); il est malheureusement à peu près dépourvu de calcaire. Le fond des vallées est recouvert par des terres de qualité supérieure se prêtant merveilleusement à la culture du riz.

Dans les zones intermédiaires et côtières, ailleurs qu'aux environs des cours d'eau, le sol, quoique plus riche en humus, présente un aspect sensiblement analogue. Les berges des fleuves et les régions qui les avoisinent immédiatement sont, en général, formées d'alluvions épaisses, très propices au développement des cultures tropicales.

Lacs. — Les lacs, étangs et marais abondent à Madagascar, mais ils sont généralement de petite étendue. Le lac Alaotra, dans le cercle d'Anjozorobe, est le plus vaste; ses environs sont de remarquables pâturages. Après lui, on peut citer les lacs Kinkony, à l'ouest, Itasy, au centre, et Saririaka, au nord-est.

Côtes. — Les côtes de Madagascar ont un développement de 5,000 kilomètres environ. Découpées sur le littoral ouest, notamment dans sa partie nord, elles ne présentent presque pas d'échancrures sur le littoral est.

Îles. — Les principales îles situées autour de Madagascar sont : Nossi-Bé, Sainte-Marie et Nossi-Mitsiou. Les deux premières sont d'anciennes possessions françaises; la troisième n'a encore donné lieu à aucune exploitation.

Caps. — Les principaux caps sont : au nord, le cap d'Ambre; au sud, le cap Sainte-Marie, points extrêmes de l'Île dans ces deux directions; à l'est, en allant du nord au sud, le cap Est, le cap d'Antsiraka, la Pointe-à-Larrée, le cap d'Andavaka et le Faux-Cap; à l'ouest, en suivant la même direction, le cap Saint-Sébastien, le cap Amgadaga, la pointe Maromery, la pointe d'Ambararata, le cap Saint-André, le cap Saint-Vincent.

Baies. — Les principales baies sont : à l'est, la magnifique baie de Diégo-Suarez, susceptible de devenir un remarquable port de guerre, et la baie d'Antongil, insuffisamment fermée; à l'ouest, la baie d'Ambavanibe, la baie du Courrier, la baie de Bavatobe, le port Radama, la baie de la Loza, la baie de Narinda, la baie de la Mahajamba, qui, presque toutes, constituent d'excellents refuges pour les navires; enfin les baies de Bombetoko, de Maroambitsy, de Tuléar, de Saint-Augustin et de Mininodo.

Ports. — Sur la côte est, la rade de Diégo-Suarez, l'une des plus belles du monde. A Tamatave, les récifs de coraux ferment suffisamment la baie pour que les navires puissent y trouver un abri. Partout ailleurs il n'y a que des rades foraines.

Sur la côte ouest, les baies que l'on rencontre dans la région découpée du Nord forment de vastes ports naturels. Le port de Majunga, dans l'estuaire de la Betsiboka, serait excellent si le courant de ce fleuve était moins violent. Tuléar possède une rade assez commode.

Fleuves et rivières. — Madagascar est un pays très arrosé. Les principaux cours d'eau sont :

1° Sur la côte est : le Bemarivo, le Lokoho, le Mananabe, l'Antanambalana, le Mananara, le Soamianina, le Maningory, l'Ivondrona, le Mangoro, le plus long de ces fleuves, le Mananjary, le Namorona, le Faraony, le Matitana, le Mananara et le Mandrare. La plupart de ces cours d'eau sont obstrués à des distances relativement courtes de l'embouchure par des seuils rocheux; ils sont navigables, sur une grande partie de leurs parcours, pour les pirogues et peuvent ainsi servir aux transports; les plus importants d'entre eux (Ivondrona, Mangoro, Mananjary, Mananara) peuvent être remontés par des chalands de 5 à 6 tonneaux jusqu'à 20 ou 25 kilomètres de leur embouchure. Leurs berges sont très fertiles; malheureusement les alluvions profondes ne s'étendent généralement pas très loin du cours d'eau; par suite les zones de terrains réellement riches sont souvent peu étendues.

2° Sur la côte ouest : la Mahavavy, la Sambirano, la Loza, la Sofia, la Mahajamba, la Betsiboka, grossie de l'Ikopa, la Mahavavy, le Manambao, le Manambola, la Tsiribihina, formée du Mania et du Mahajilo, le Mangoky, grossi de l'Ihosy, le Fiherena et l'Onilahy. Tous ces cours d'eau constituent d'admirables voies de communication; la plupart d'entre eux peuvent être remontés très avant dans les terres par de petits boutres de 4 à 5 tonneaux.

La Betsiboka est actuellement journellement parcourue, de Majunga à Maevatanana, par les remorqueurs à vapeur de la «Compagnie coloniale et des mines d'or de Suberbieville et de la côte ouest de Madagascar»; elle est navigable pendant la saison des pluies jusqu'à Maevatanana et, pendant la saison sèche, jusqu'à Marololo, pour des bateaux calant 50 centimètres. La Tsiribihina, pendant la saison sèche, n'est navigable que jusqu'au seuil de Bemena, un peu au-dessus de Berevo; en saison des pluies, les canonnières remontent ce dernier fleuve jusqu'à Miandrivazo. Enfin, le Mangoky est un très grand fleuve accessible aux grosses embarcations jusqu'à Tanandava et sur lequel circulera prochainement une canonnière.

Pangalanes. — Il existe sur une partie de la côte est de Madagascar, parallèlement au rivage, une série de lagunes, séparées les unes des autres par des petits isthmes appelés pangalanes et dues à l'action combinée des courants et apports des rivières et de la mer. Le jour où ces pangalanes auront été percés, la Colonie possédera une admirable voie intérieure, véritable canal, reliant la province de Fénérive à celle de Farafangana. L'ouverture de cette voie serait pour la grande île un inappréciable bienfait; la «Compagnie des messageries françaises de Madagascar» a entrepris ce travail entre Tamatave (Ivondro) et Andévorante; elle l'aura prochainement exécuté.

Marées et courants. — Sur la côte est, le marnage ne dépasse jamais 2 m. 50 et les courants de marées sont assez faibles; ils atteignent, quand la mer baisse, une vitesse de 2 nœuds sans la dépasser. Sur la côte ouest, les marées sont très nettement accentuées; il y en a deux par jour. La mer marne de 4 m. 50 à 5 mètres en eau vive et de 2 mètres aux mortes-eaux, depuis Nossi-Bé jusqu'au Mangoky. De part et d'autre de ces points, le marnage diminue progressivement, il n'est plus que de 3 m. 50 à 4 mètres dans la baie de Saint-Augustin, de 3 mètres dans le nord de la baie de Befotaka et de 2 m. 50 au cap Sainte-Marie. Quant aux courants de marées, assez faibles au large, ils prennent une grande importance à l'embouchure des rivières, où ils atteignent souvent 2 nœuds au flot et 3 nœuds au jusant. Le grand courant de l'océan Indien vient battre la côte est vers son milieu.

Principales villes. — Les principales villes de la Colonie sont, par ordre d'importance : Tananarive, Tamatave, Majunga, Diégo-Suarez, Nossi-Bé, Mananjary, Vatomandry, Andévorante, Fianarantsoa, Mahanoro, Vohémar, Fort-Dauphin, Tuléar, Maroantsetra, Ambositra, Farafangana, Fénérive, Analalava et Sainte-Marie.

CLIMAT.

Nord de l'Île. — Dans le nord de l'Île, le climat est nettement équatorial, chaud et sec, pendant la plus grande partie de l'année (moyenne thermométrique à Diégo-Suarez, 27 degrés, — quantité d'eau de pluie, 700 millimètres par an, saison sèche de juin à décembre, saison des pluies de décembre à mai).

Côte est. — Sur la côte est, du cap Est à l'embouchure du Mananara, le climat est chaud et très humide (moyenne thermométrique à Tamatave, 24 degrés, — quantité d'eau de pluie, 3 mètres par an, — état hygrométrique de l'air, 85 p. 100 d'humidité relative). Sur cette partie du littoral, il pleut presque constamment : beaucoup pendant la période appelée hivernage, de novembre à mars; relativement peu, par petites pluies irrégulières, d'avril à novembre. Au sud du Mananara, le climat redevient chaud et relativement sec (température moyenne à Fort-Dauphin, 23 degrés; état hygrométrique de l'air, 78 p. 100; moyenne de la pluie, 1,200 millimètres).

Côte ouest. — Sur la côte ouest, le climat est chaud et relativement peu humide. Les saisons sont bien tranchées : 1° saison chaude et pluvieuse, d'octobre à avril; 2° saison fraîche et sèche, d'avril à octobre. A Majunga, la température moyenne est de 21°,6, et l'état hygrométrique de l'air, de 70 à 75 p. 100; la quantité d'eau de pluie annuelle atteint 1,145 millimètres. Plus au sud, la chaleur se maintient, mais l'humidité diminue : à Nossi-Bé, en face Tuléar, la température moyenne est de 26 degrés et la quantité de pluie tombée relativement faible : 418 millimètres en 1891, 227 millimètres en 1892.

Plateau central. — Sur les hauts plateaux, le climat est tempéré. La saison sèche ou froide court du mois d'avril au mois de novembre; la saison des pluies, caractérisée par une élévation de température, dure de novembre à mars.

Le tableau suivant donne les températures moyennes observées à Tana-

Le prix du fret, de France à Tamatave, est de 40 francs, plus 10 p. 100 la tonne de 1 mètre cube ou de 700 kilogrammes; pour les autres ports de la grande Île, il s'élève à 60 francs, plus 10 p. 100. Celui de Tamatave à Bordeaux ou le Havre, est seulement de 25 francs; pour les autres ports de la Colonie, il atteint 65 francs la tonne, calculée au mètre cube ou aux 1,000 kilogrammes, au choix du navire, sauf pour le crin végétal, les peaux, le raphia, la cire, le caoutchouc, le riz en paille, le café, les sacs vides, qui vont aux 800 kilogrammes et la vanille aux 250 kilogrammes.

Le tarif des passages d'Europe à Madagascar et *vice versa*, quels que soient les ports d'embarquement et de débarquement, est fixé indistinctement comme suit :

1re classe..	1re catégorie	1,150 francs.
	2e catégorie	1,050
3e classe		425
Entrepont		350

Du Havre, Bordeaux ou Lisbonne pour Majunga, Tamatave, Vatomandry, Mananjary et Fort-Dauphin.

3° *La Compagnie havraise péninsulaire* assure un service régulier entre le Havre, Bordeaux, Marseille et les ports de Majunga, Diégo-Suarez, Tamatave, Vatomandry et Mananjary.

Les départs ont lieu, tous les vingt jours, du Havre et de Marseille; tous les quarante jours, de Saint-Nazaire et de Bordeaux.

Les voyages de retour n'ont pas un itinéraire régulier; suivant l'importance du fret, les courriers vont directement de la Réunion à Marseille ou touchent dans certains ports des Indes.

Le taux du fret, du Havre, Saint-Nazaire ou Bordeaux pour Majunga, Diégo-Suarez et Tamatave, est de 45 francs par mètre cube ou 700 kilogrammes au choix de l'armement; de Marseille, pour les mêmes ports, il s'élève à 50 francs.

Le tarif des frais de passage, de France à Madagascar, est le suivant :

De Marseille à :

	1re CLASSE.	2e CLASSE.	3e CLASSE.
	francs.	francs.	francs.
Majunga	650	400	280
Diégo-Suarez	700	425	300
Tamatave	750	450	322

Les ports de Madagascar sont, en outre, visités à des dates variables par des voiliers français ou étrangers venant d'Europe. Les navires de la compagnie allemande «Deutche Ost Afrika Linie» mouillent également quelquefois à Majunga et à Nossi-Bé.

Cabotage. — Les communications de port à port ou avec Maurice et la Réunion sont assurées, outre les grandes lignes qui viennent d'être mentionnées, par de nombreux voiliers. La navigation est d'ailleurs absolument libre sur les côtes de Madagascar pour tous les pavillons. De plus, sur la côte ouest, ainsi qu'il a été dit plus haut, le *Persépolis* de la Compagnie des Messageries maritimes effectue mensuellement un service de cabotage de Nossi-Bé à Tuléar. Un service analogue est encore rempli, sur la côte est, entre Diégo-Suarez et Fort-Dauphin, par la «Compagnie française de commerce et de navigation», mais il paraît qu'il sera prochainement supprimé, à moins que le Gouvernement ne se décide à le subventionner. Ce service mensuel est, en effet, indispensable au développement du commerce sur la côte est.

Le transport d'une tonne de marchandise d'un port à l'autre varie généralement entre 15 et 25 francs.

Communications intérieures. — Le tableau suivant indique quelles sont les voies de communication existant actuellement dans les diverses régions de la Colonie, ainsi que leur degré de viabilité.

VOIES DE COMMUNICATION.

PROVINCES OU CERCLES.	ROUTES CARROSSABLES.	ROUTES MULETIÈRES.	VOIES FLUVIALES (DEGRÉ DE VIABILITÉ).
Province de Diégo-Suarez.	1° Antsirane à Mangoaka ; 2° Antsirane à Rodo ; 3° Antsirane au Sanatorium de la Montagne d'Ambre.	1° Antsirane à Orangea ; 2° Antsirane à Anivorano par Sakaramy ; 3° Sakaramy à Ambohimarina ; 4° Mahatsinjo à Anamakia ; 5° Baie de Diégo à la baie du Courrier ; 6° Mangoaka à Befotaka ; 7° Mangoaka au Sanatorium de la Montagne d'Ambre.	Néant.
Cercle d'Analalava.			L'Andranomalaza navigable pour les grandes pirogues jusqu'à Angikafotsy ; Le Manongarivo navigable pour les grandes pirogues jusque vers la moitié de son cours ; Le Manambaro navigable pour les grandes pirogues jusqu'à Andranosamonta ; La Loza jusqu'à Anjalazala ; La Sofia jusqu'à Mahalina.
Province de Vohémar.	Vohémar à Rodo (province de Diégo-Suarez).	1° Vohémar à Ambakirano ; 2° Vohémar au col de la haute montagne d'Andranavara.	Néant.
Province de Sainte-Marie.	Les routes sont assez praticables, mais elles ne sont carrossables que sur un petit parcours, deux lieues environ au nord d'Ambodifototra.		L'Antsaha navigable jusqu'à Sainte-Anne-d'Antsaha.

PROVINCES OU CERCLES.	ROUTES CARROSSABLES.	ROUTES MULETIÈRES.	VOIES FLUVIALES (DEGRÉ DE VIABILITÉ).
PROVINCE DE FÉNÉRIVE.	Néant.	1° Sentier muletier de la côte traversant la province dans toute sa longueur (c'est le plus souvent la plage) ; 2° Foulpointe sur Imerimandroso ; 3° Fénérive sur Ambatondrazaka.	Inutilisables.
PROVINCE DE TAMATAVE.	Tamatave à Andévorante. Tamatave à Fénérive (en construction). Chemin de fer de Tamatave à Ivondro (12 kilomètres).		1° Canal des Pangalanes réunissant Ivondro à Andévorante ; 2° L'Ivoloina navigable en pirogue jusqu'à 30 kilomètres de son embouchure ; 3° L'Ivondro navigable en pirogue jusqu'à 30 kilomètres de son embouchure.
DISTRICT DE VATOMANDRY.	1° Grande route côtière : Andévorante, Mahanoro, Mananjary ; 2° Route de Beforona à Vatomandry.	1° Vatomandry à Anosibé ; 2° Vatomandry à Lakato ; 3° Vatomandry à Mahanoro ; (En outre les principaux centres ou districts communiquent entre eux par des sentiers de 2 mètres convenablement entretenus.)	1° La Sandramamanjy navigable jusqu'à Ambodimanga. Son affluent l'Efitra peut être remonté jusqu'à Amboditavolo ; 2° La Sakalina navigable jusqu'à Andriamanota ; 3° L'Iofika navigable jusqu'à Ifasina ; 4° La Talaviana navigable jusqu'à Anjarimareua ; 5° Le Manampotsy navigable jusqu'à Ambodirana-Manampotsy ; 6° Le Manandry navigable jusqu'à Ambodiriana-Manandry (son affluent, le Vatana jusqu'à Ambodriana - Vatana).
DISTRICT D'ANDÉVORANTE.	1° Grande route carrossable côtière Tamatave-Vatomandry ; 2° Route carrossable de Mahatsara à Tananarive.		1° Ligne de Lagunes d'Andranokoditra à Vatomandry navigable aux pirogues sur presque tout son parcours ; 2° L'Iaroka navigable jusqu'à Santaravy ; 3° Le Rianila jusqu'à Sandranonjy ; 4° La Vohitra jusqu'à Tsarahalana ; 5° Le Silombo jusqu'à Ampirarazana.

PROVINCES OU CERCLES.	ROUTES CARROSSABLES.	ROUTES MULETIÈRES.	VOIES FLUVIALES (DEGRÉ DE VIABILITÉ).
DISTRICT D'ANOSIBÉ.	1° Route Ambodivato-Anosibé-Androrangavola (à partir de ces points extrêmes, elle n'est plus que muletière).	1° Androrangavola vers Vatomandry ; 2° Ambodivato vers Beparasy ; 3° Tsinjoarivo à Mahanoro par Ambohimilanja-Andonabe-Ambatolahy.	Néant.
DISTRICT DE MAHANORO.	Route côtière d'Antanambao à Ambinanivolo en passant par Mahanoro.	Sentier pouvant être rendu muletier avec assez de facilité, de Mahanoro à Sahasoma et de ce point vers Anosibé.	1° Le Beparasy navigable jusqu'à Vodiriana ; 2° Le Ihosy navigable jusqu'à Ambodiriana ; 3° Le Lohariana navigable jusqu'à Ambodiriana ; 4° Le Mangoro navigable jusqu'à Menagisy ; 5° Le Sahantsio navigable jusqu'à Sandranonana ; 6° Le Masora navigable jusqu'à Ambodiriana ; 7° Le Hontona navigable jusqu'à Andona.
DISTRICT DE BEFORONA.	Route de Tamatave à Tananarive, carrossable d'Antongombato à Beanandrambo (muletière de ce point jusqu'à la limite du district vers Moramanga).		Néant.
PROVINCE DE MANJARY.	Route d'Itampolo à Ivolo (serait entièrement carrossable en remplaçant les bacs par des ponts).	Route de Mananjary à Fianarantsoa.	1° Le Faraony navigable jusqu'à Sahasinaky ; 2° Le Mananjary navigable jusqu'à Safoindrano ; 3° Le Mananjary, son affluent, navigable jusqu'à 32 kilomètres au nord de Tsiatosika ; 4° Le Fanantara navigable jusqu'à 45 kilomètres de son embouchure ; 5° La Sakaleo navigable jusqu'à 12 kilomètres au-dessus de son affluent le Sakavato ; 6° Le Sakavato, affluent du Sakaleo, navigable jusqu'à Sakavato.

PROVINCES OU CERCLES.	ROUTES CARROSSABLES.	ROUTES MULETIÈRES.	VOIES FLUVIALES (DEGRÉ DE VIABILITÉ).
PROVINCE DE FARAFANGANA.	De Farafangana à Laharayo, route carrossable côtière (direction Mananjary). Route d'Ambohimalaza par Vohipeno à Lakaambry.	1° Route de Farafangana par Vangaindrano vers Fort-Dauphin ; 2° Route de Lakaamby à Bekatra ; 3° Route de Farafangana à Ankitsika, par Mahamanina et Karianga ; 4° Route de Vohipeno à Mahamanina ; 5° Route de Vohipeno à Karianga ; 6° Route de Farafangana à Mahazoarivo ; 7° Route de Mahamanina à Mahazoarivo ; 8° Route de Farafangana à Mahabateny par Vondrozo ; 9° Route de Mahazoarivo à Mahabateny ; 10° De Farafangana à Vangaindrano, par Benanoremo ; 11° Route de Vangaindrano et de Ankara à Vohimary ; 12° Route de Vondrozo à Vohimary ; 13° Route de Vangaindrano à Ambovato et Ambongo ; 14° Route de Sandravinany à Amparihy.	1° Le Manakarara navigable jusqu'à Maroata ; 2° Le Matitanana navigable jusqu'à Sanalava ; 3° L'Ambahibe, son affluent, navigable jusqu'à Lakaamby ; 4° La Manampatrana et la Manambavana navigables jusqu'à 30 kilomètres dans l'intérieur des terres ; 5° La Mananara navigable jusqu'à quelques kilomètres au-dessus de Vangaindrano ; 6° Le Mananaondro navigable de son embouchure jusque vers la moitié de son cours ; 7° L'Isandro navigable jusqu'à Amparihy.
CERCLE DE FORT-DAUPHIN.	Néant.	1° Andrahomana à Behara ; 2° De Fort-Dauphin à Fanjahira ; 3° De Fort-Dauphin au Vinangbe ; 4° De Fort-Dauphin à Nanapohana ; 5° De Fort-Dauphin à Ambavarano ; 6° (En construction une route de Ranomafana au col d'Andramanaka à prolonger sur Fort-Dauphin par Belavenona et Ambavarano.)	1° L'Iavibola navigable jusqu'à Andriambe ; 2° Le Manampanihy navigable jusqu'à Ampasimena ; 3° Lac du Vinang-be et Fanjahira navigable jusqu'à Efarantsa ; 4° Lac du Vinang-be et Manambaro navigable jusqu'à Manambaro.

PROVINCES OU CERCLES.	ROUTES CARROSSABLES.	ROUTES MULETIÈRES.	VOIES FLUVIALES (DEGRÉ DE VIABILITÉ).
Cercle de Tuléar.	1° Tuléar au Bas Mangoky (un embranchement est commencé rejoignant cette route à la côte près de Manombo); 2° Tuléar au Moyen Mangoky, praticable jusqu'à Ankazoabo; 3° Sakavilagna à Manera et Tonzobary par Tanilahy; 4° Tonzobary à Betroka.	Néant.	1° Le Mangoky navigable jusqu'à Betaratsy.
Province de Fianarantsoa.	1° Route de Fiadanana à Ambalavao en passant par Fianarantsoa.	1° Fianarantsoa à Vohitserana, par Ikalamavony; 2° Fianarantsoa vers Mananjary; 3° Fianarantsoa à Fort-Carnot; 4° Fianarantsoa à Ihosy; 5° Fianarantsoa à Ivohibe.	Néant.
Province d'Ambositra.	Néant.	Route de Tananarive à Fianarantsoa par Ambositra.	Néant.
Cercle de Betafo.	Antsirabe à Ambohimanarivo.	Antsirabe à Betafo.	Néant.
Cercle de Miarinarivo.	De Miarinarivo à Voabazaba par Soavinandriana.	1° De Soavinandriana vers Arivonimamo; 2° De Miarinarivo à Soamahamanina.	Néant.
Cercle de la Tsiribihina.	1° Route d'Ambato à Antsoa (inutilisable pendant la saison des pluies); 2° Route de Port-Renaud à l'ancien poste d'Ambiky (sous un mètre d'eau pendant l'hivernage); 3° Route de Soahazo à Ankaivo (n'est praticable qu'à marée basse aux environs de Soahazo).		1° La Tsiribihina navigable jusqu'à Tsinjorano; 2° Le Manambolo navigable jusqu'à Bebosaka.

PROVINCES OU CERCLES.	ROUTES CARROSSABLES.	ROUTES MULETIÈRES.	VOIES FLUVIALES (DEGRÉ DE VIABILITÉ).
CERCLE DE MAINTIRANO.	Néant.	1° Antevamena à Ampoza, par Tsaropitsao et Berevo ; 2° Tambohorano à Mandrozo; 3° Andemba à Ambalaravo, par Anjia ; 4° Andemba à Tsinjorano; 5° Anjia à Ankavandra, par Tsinjorano ; 6° Maintirano à Ambararatra, par Antsamaka ; 7° Antsamaka à Andolobe, par Fanatera ; 8° Ambararatra à Antsosamena, par Fanatera.	1° Le Saropetsaka navigable jusqu'à Antavamena ; 2° Le Ranobe navigable jusqu'à Berevo; 3° Le Betsisiky navigable jusqu'à Mandrozo ; 4° Le Manambao navigable jusqu'à Ambakiroa ; 5° Le Demoka navigable jusqu'à Demoka ; 6° Le Tedrolo navigable jusqu'à Saranga ; 7° Le Sahanina navigable jusqu'à Soatanana.
CERCLE ANNEXE DE MORONDAVA.	Mahabo à Maneva.		La Morondava navigable jusqu'à Beronono.
CERCLE DE TSIAFAHY.	1° Tronçon de la route carrossable de Tamatave à Tananarive ; 2° Tronçon de la route de Tananarive à Fianarantsoa, compris entre Tsiafahy et Behenjy.	1° Ambohimalaza à Antanamalaza, par Anjeva ; 2° Anjeva à Mantasoa ; 3° Cubières à Mantasoa ; 4° Ambatolaona à Mantasoa ; 5° Tsiafahy à Ambodifiakarana, par Ambohitromby, Antanamalaza, Tsinjoarivo ; 6° Behenjy à Kelimafana, par Ambohitromby et Faliarivo ; 7° Faliarivo à Antanamalaza.	Néant.
CERCLE ANNEXE DE MORAMANGA.	Route de Tananarive à Tamatave. (Tronçon compris entre Sabotsy et Amboasary.)		Néant.

PROVINCES OU CERCLES.	ROUTES CARROSSABLES.	ROUTES MULETIÈRES.	VOIES FLUVIALES (DEGRÉ DE VIABILITÉ).
CERCLE ANNEXE D'ANJOZOROBE.	1° Ambohitrandriana à Betatao, par Alatsinainy, Ambohidrabiby, Analabe, Anjozorobe, Morafeno; 2° Ambohidrabiby vers Ambohimanga; 3° Alatsinainy vers Vohilena; 4° Analabe vers Croix-Vallon; 5° Morafeno vers Ambatondrazaka.	1° Betatao à Ambohimanjaka; 2° Betatao à Androva, avec embranchement sur Manankasina; 3° Anjozorobe à Amboasary; 4° Anjozorobe à Tanifotsy; 5° Anjozorobe à Soavinarivo et Ambatofisaorana; 6° Ambatofisaorana à Ambohitrolomahitsy; 7° Soavinarivo à Ambalanjanakomby; 8° Ankazondandy à Antsahambavy; 9° Analabe à Ankazondandy; 10° Ankazondandy à Ambohitrolomahitsy.	Néant.
PROVINCE DE TANANARIVE.	1° Tronçon de la route de Tananarive à Tamatave; 2° Tronçon de la route de Tananarive à Majunga; 3° Route de Tananarive vers Fianarantsoa; 4° Route d'Arivonimamo à Ankavandra; 5° Route de Tananarive à Anjozorobé; 6° Route de Tananarive à Ambohimanga.		L'Ikopa (employée simplement par les Malgaches).
TERRITOIRE DE L'OUEST.	Route de Tananarive à Majunga, carrossable jusqu'à Maevatanana.		1° La Betsiboka navigable jusqu'à Marolobo; 2° Son affluent, l'Ikopa, jusqu'à Maevatanana; 3° Le Mahavavy avec des parties navigables très longues, mais de nombreuses chutes ou rapides; 4° L'Andranomovo navigable à 30 kilomètres en aval de Soalala; 5° Le Sambao navigable jusqu'aux chutes d'Ambohitrosy; 6° Le Manangoso navigable jusqu'à Antafofo.

Il convient de noter ici que le Parlement a récemment autorisé la Colonie à emprunter une somme importante, qui doit permettre de construire un chemin de fer reliant Tananarive à Tamatave ou à un point de la voie navigable du canal des Pangalones, ainsi que diverses routes carrossables. Celle de Fianarantsoa à Diégo-Suarez par Tananarive, notamment, est projetée.

Les travaux d'ouverture de la route carrossable de Mahatsara à Tananarive sont actuellement poussés avec activité, dans la partie qui demeure à exécuter, c'est-à-dire entre Moramanga et Beforona. La route de Maevatanana à Tananarive a déjà permis à des convois de charrettes, traînés par des bœufs ou des mulets, d'aller de l'une à l'autre de ces localités, mais elle a besoin d'être parachevée sur plusieurs points.

Prix des transports à l'intérieur. — Les transports terrestres sont encore, en général, effectués dans la grande Île à dos d'homme. Leur prix est naturellement très variable avec les régions; on peut cependant poser, en principe, qu'il va en diminuant du nord au sud, du moins de Diégo à Fianarantsoa et qu'un borjane (porteur), portant une charge de 25 kilogrammes et marchant à raison de 25 à 30 kilomètres par jour, se paye, en moyenne, 1 fr. 25 par vingt-quatre heures.

Pour effectuer le transport des marchandises de Tamatave à Tananarive, les borjanes s'entendent souvent avec les négociants, moyennant un tarif à forfait, qui ne s'éloigne généralement pas beaucoup du prix de 0 fr. 80 par kilogramme; ils portent alors jusqu'à 45 et 50 kilogrammes, mais mettent trois semaines pour effectuer le trajet.

Les porteurs de filanjanes (sorte de chaises utilisées pour le transport des personnes) se payent en général de 1 fr. 25 à 1 fr. 50 par jour. Mais, sur les principales routes, comme celle de Tamatave à Tananarive, ils sont parvenus à faire admettre des tarifs bien plus élevés; c'est ainsi qu'on a coutume de leur donner 35 francs pour monter, en sept jours, de Tamatave à Tananarive (350 kilomètres) et 15 francs pour descendre de la première à la seconde de ces villes. Lorsque les porteurs de bagages (mpitondra-entana) doivent suivre les porteurs de filanganes (mpilanza), ils touchent le même salaire que ces derniers et il ne faut pas les charger au delà de 25 kilogrammes par homme.

ADMINISTRATION.

ADMINISTRATION CENTRALE.

L'administration, la garde et la défense de la colonie de Madagascar et dépendances sont confiées, sous l'autorité directe du Ministre des Colonies, à un *Gouverneur général* qui est le dépositaire des pouvoirs du Président de la République française et a sous ses ordres le commandant des troupes de terre et de mer. Le Gouverneur général est assisté dans ses fonctions par un *Secrétaire général* qui est son auxiliaire administratif, son suppléant en cas d'absence, et qui assure le fonctionnement des bureaux du Gouvernement général; ce haut fonctionnaire est, en outre, ordonnateur des dépenses du budget local. L'ordonnateur des dépenses du budget colonial est le commissaire des colonies, chef des services administratifs du corps d'occupation.

Conseil d'administration. — Un conseil consultatif appelé «conseil d'administration» est placé près du Gouverneur général, qui en a la présidence. Composée des principaux chefs de service de la Colonie, cette assemblée est obligatoirement appelée à donner son avis sur chacun des chapitres de dépenses et de recettes du budget, ainsi que sur le compte général en fin d'année; elle est également consultée sur les projets de réglementation ou de concessions à intervenir. Le Gouverneur général n'est pas lié par l'avis du conseil; il peut toujours passer outre; il doit cependant, en cas de désaccord avec la majorité, aviser le Ministre des Colonies.

Chefs de services civils. — Près du Gouverneur général sont placés divers fonctionnaires chargés d'assurer la direction des services civils par lesquels le chef de la Colonie exerce une partie de son autorité (directeur des Travaux publics, chef du Service des douanes, chef du Service des domaines, trésorier-payeur, chef du Service topographique, chef du Service des mines, chef du Service de l'agriculture, chef du Service des forêts, chef du Service des postes et télégraphes, chef du Service des contributions indirectes, chef du Service de l'enseignement). En outre, un «Directeur du contrôle financier», placé sous les ordres immédiats du Gouverneur général, a pour mission de surveiller le fonctionnement des services financiers.

Juridiction administrative. — Les affaires qui ressortissent en France aux attributions des conseils de préfecture sont, en thèse générale, dévolues à Madagascar à un tribunal administratif qui porte le nom de «Conseil du Contentieux». Ce tribunal est composé de fonctionnaires et de magistrats;

la présidence en appartient au Secrétaire général; le directeur du Contrôle financier est commissaire du Gouvernement.

Pouvoirs disciplinaires. — Par dérogation au droit commun, les administrateurs et commandants de cercle peuvent appliquer à leurs administrés indigènes des peines allant jusqu'à 15 jours de prison et 100 francs d'amende pour infractions à un certain nombre de règlements condensés dans ce qu'on appelle *le Code de l'Indigénat*. L'appel est porté devant le conseil d'administration.

ADMINISTRATION PROVINCIALE.

La Colonie est divisée en territoire civil et territoire militaire. Le même régime politique administratif ou judiciaire est appliqué dans ces deux grandes divisions territoriales qui ne diffèrent qu'au point de vue de la qualité de ceux qui les dirigent.

Le territoire civil, qui comprend les régions complètement pacifiées, est actuellement formé de quatorze provinces, à la tête de chacune desquelles se trouve un administrateur des colonies, assisté d'un ou de plusieurs administrateurs adjoints, chefs de districts, et d'un personnel secondaire.

Le territoire militaire, constitué par les régions dans lesquelles la pacification est encore trop récente pour qu'il soit possible de les placer actuellement sous le régime civil, est actuellement divisé en dix-sept cercles, dans lesquels des officiers (chefs de bataillon, capitaines ou lieutenants) remplissent des fonctions administratives, tout en ayant le commandement des troupes stationnées dans le pays. Les cercles militaires sont groupés en quatre territoires commandés chacun par un colonel ou un lieutenant-colonel.

Les administrateurs, chefs de province, et les commandants de cercle ont les mêmes attributions et les mêmes pouvoirs. Ils sont les délégués directs du Gouverneur général dans leurs circonscriptions respectives, et ont sous leur autorité, sauf au point de vue exclusivement technique, les représentants de tous les services plus haut énumérés.

Les administrateurs et commandants de cercle ont à la fois un rôle politique, administratif, judiciaire et colonisateur.

Au point de vue administratif, ils ont pour mission de faire exécuter les lois, arrêtés et règlements divers, administratifs ou financiers, auxquels est assujettie la population européenne et indigène. Ils assurent la rentrée des impôts; ils surveillent ou dirigent l'exécution des travaux publics, etc.

Au point de vue judiciaire, ils remplissent les fonctions de juge de paix lorsqu'il n'existe pas de tribunal au chef-lieu de leur circonscription, et de président des tribunaux indigènes mixtes du premier ou du deuxième degré. Ils sont officiers d'état civil.

Leurs attributions en matière de colonisation consistent à aider les colons de leurs conseils, à leur fournir tous les renseignements dont ils ont besoin, à leur prêter aide et assistance dans la mesure du possible. Ils peuvent délivrer à titre provisoire des concessions de terrain de 1,000 hectares et au-dessous. Ils instruisent les demandes de concession d'une étendue supérieure à 1.000 hectares, ainsi que les demandes de concession forestière, et les transmettent au Gouverneur général. Ils délivrent des permis de recherches minières et peuvent être chargés des fonctions de commissaires des mines.

Administration indigène. — Les administrateurs, chefs de province, et les commandants de cercle ont sous leurs ordres un personnel de fonctionnaires indigènes qui les aident dans l'administration des populations placées sous leur autorité.

Ces agents portent les titres de gouverneurs principaux, gouverneurs, sous-gouverneurs, officiers adjoints et secrétaires.

Les provinces et les cercles sont divisés dans la plupart des régions en un certain nombre de gouvernements ou de sous-gouvernements indigènes, à la tête de chacun desquels se trouve un fonctionnaire malgache du grade correspondant. Ces agents sont les intermédiaires entre le chef de la circonscription et la population indigène. Ils transmettent à cette dernière les ordres de l'autorité et en assurent l'exécution. Ils contribuent à faire rentrer les impôts et ils sont responsables du maintien de l'ordre dans leur territoire.

Ils sont assesseurs des tribunaux indigènes mixtes du 1er et du 2e degré, présidés par les administrateurs, les commandants de cercle, les chefs de district ou de secteur.

ORGANISATION POLITIQUE.

Madagascar n'est pas représenté au Parlement. Il n'existe d'ailleurs dans la colonie aucune assemblée élue. Seule, la dépendance de Nossi-Bé, a conservé, de son ancienne autonomie administrative, un délégué au Conseil supérieur des colonies.

ORGANISATION MUNICIPALE.

Les trois anciens établissements de Diégo-Suarez, Nossi-Bé et Sainte-Marie, rattachés à la nouvelle colonie de Madagascar en 1896, ont été érigés en communes, par arrêté local du 13 février 1897.

Les villes de Tamatave et de Majunga ont également reçu l'organisation municipale, le 15 octobre 1897.

Enfin, les villes de Tananarive et de Fianarantsoa ont été érigées en centres autonomes, au point de vue administratif et financier, le 30 novembre 1898.

Le régime appliqué dans les communes et dans les centres autonomes est identique, avec ces deux seules différences toutefois que ces dernières unités administratives ne possèdent, ni domaine distinct de celui de l'État, ni assemblée municipale.

Les fonctions de maire sont remplies par des administrateurs des colonies qui portent le titre d'administrateurs-maires et qui sont assistés, dans les cinq communes, par une Commission municipale purement consultative, dont les membres sont nommés par arrêté du Gouverneur général.

Les communes et les centres autonomes ont un budget propre, alimenté soit par des ressources spéciales, soit par des prélèvements sur les revenus de la Colonie.

Les règles qui régissent le fonctionnement de l'administration municipale à Madagascar sont sensiblement les mêmes qu'en France.

ORGANISATION JUDICIAIRE.

Le Service judiciaire comprend :

Un procureur général, chef du Service judiciaire;

Une cour d'appel, composée d'un président et de deux conseillers, à Tananarive;

Deux tribunaux de première instance à Tananarive et Tamatave;

Quatre justices de paix à compétence étendue à Majunga, Diégo-Suarez, Nossi-Bé, Fianarantsoa.

En outre, les administrateurs, chefs de province, et les commandants de cercle sont investis des fonctions de juge de paix dans les circonscriptions où il n'existe ni tribunal de première instance, ni justice de paix à compétence étendue.

Les tribunaux et les justices de paix connaissent des affaires civiles, correctionnelles et commerciales qui sont de la compétence des tribunaux de première instance et des tribunaux de commerce de France.

Les affaires criminelles qui sont en France de la compétence des cours d'assises sont jugées à Madagascar par des cours criminelles formées, à Tananarive de la cour d'appel, à Tamatave, Majunga et Diégo-Suarez du tribunal ou de la justice de paix, auxquels sont adjoints deux fonctionnaires (sauf à la cour d'appel) et deux assesseurs, pris sur une liste de notables dressée chaque année.

Les juridictions indigènes mixtes sont constituées au chef-lieu de chaque province ou cercle par un tribunal du deuxième degré présidé par l'administrateur ou le commandant du Cercle, assisté de deux fonctionnaires indigènes. Au chef-lieu de chaque subdivision administrative (district ou secteur) fonctionne un tribunal du premier degré constitué d'une façon identique.

La cour d'appel de Tananarive est formée en cour d'appel mixte par l'adjonction de deux assesseurs indigènes.

DROITS CIVILS ET POLITIQUES DES INDIGÈNES. — CONDITION JURIDIQUE DES FRANÇAIS, DES ÉTRANGERS, DES INDIGÈNES. — CONTRATS ENTRE EUROPÉENS ET INDIGÈNES.

Les indigènes de Madagascar n'ont aucun droit politique.

Au point de vue civil, ils sont soumis à leur statut personnel, qu'ils ont conservé, et régis par les lois et coutumes malgaches, qui varient suivant les races diverses peuplant la grande Île.

Les Français sont justiciables au point de vue civil, correctionnel, commercial et criminel, des justices de paix, des tribunaux et de la cour d'appel organisés par un décret du 9 juin 1896.

Les étrangers sont également justiciables des tribunaux français. Ils demeurent soumis à leur statut personnel.

Les indigènes de Madagascar sont justiciables, entre eux, des tribunaux indigènes mixtes. Mais si un Français ou un étranger est partie dans la cause, le tribunal français est seul compétent.

Ainsi :

Procès (civil, correctionnel, commercial ou criminel) entre deux Français, ou entre un Français et un étranger, ou entre deux étrangers : tribunal français.

Procès entre deux Malgaches : tribunal indigène mixte.

Procès entre un Malgache d'une part, et un Français ou un étranger d'autre part : tribunal français.

Les contrats entre Français ou étrangers et indigènes sont exclusivement régis par la loi française.

L'intérêt légal à Madagascar est de 12 p. 100; l'intérêt conventionnel est libre.

SYSTÈME FISCAL DE LA COLONIE.

Nous reproduisons ci-dessous le chapitre des recettes du budget local pour l'exercice 1899; ce document indique clairement quelles sont les ressources de la grande Île au point de vue fiscal. Nous y ajoutons, à titre de renseignement, la récapitulation de divers chapitres de dépenses :

BUDGET DES RECETTES.

CHAPITRE PREMIER.

PRODUITS DU DOMAINE COLONIAL.

Produit des ventes et locations domaniales à l'exclusion des forêts	250,000 francs.
Recettes domaniales diverses	50,000
Redevances dues pour concessions forestières	10,000
Produit des permis de recherches minières	10,000
Redevances dues par les exploitants de mines	45,000
Produit du jardin d'essais de Tananarive	10,000
Total	375,000

STATISTIQUE DE L'ENSEIGNEMENT.

ENSEIGNEMENT OFFICIEL.

PROVINCES, CERCLES OU RÉGIONS.	ÉCOLES DU 1er DEGRÉ.			ÉCOLES DU 2e DEGRÉ.			ÉCOLES DU 3e DEGRÉ.			TOTAUX.
	NOMBRE d'écoles.	NOMBRE D'ÉLÈVES. Garçons.	Filles.	NOMBRE d'écoles.	NOMBRE D'ÉLÈVES. Garçons.	Filles.	NOMBRE d'écoles.	NOMBRE D'ÉLÈVES. Garçons.	Filles.	
Tananarive	3	581	"	"	"	"	12	895	290	1,766
Fianarantsoa	1	140	70	1	En création.		1	138	80	428
Mahanoro	1	120	"	1	En création.		"	"	"	120
Antsirabe	"	"	"	"	"	"	"	"	"	"
Manjakandriana	"	"	"	"	"	"	53	2,710	1,400	4,110
Ankazobé	"	"	"	"	"	"	33	1,680	1,000	2,680
Moramanga	"	"	"	"	"	"	10	320	250	570
Ambatondrazaka	"	"	"	"	"	"	20	2,080	1,604	3,684
Betafo	"	"	"	"	"	"	3	160	"	160
Tamatave	"	"	"	"	"	"	9	202	151	353
Analalava	"	"	"	"	"	"	6	174	100	274
Maroantsetra	"	"	"	"	"	"	5	438	364	742
Sainte-Marie	"	"	"	"	"	"	2	80	120	200
Betsimisaraka Sud	"	"	"	"	"	"	20	650	500	1,150
Farafangana	"	"	"	"	"	"	3	80	73	153
Fénérive	"	"	"	"	"	"	7	330	289	619
Vohémar	"	"	"	"	"	"	3	386	"	386
Mananjary	"	"	"	"	"	"	3	665	375	1,040
Fort-Dauphin	"	"	"	"	"	"	4	250	200	450
Morondava	"	"	"	"	"	"	4	200	100	300
Maintirano	"	"	"	"	"	"	4	220	85	305
Majunga	"	"	"	"	"	"	3	50	45	95
TOTAUX	5	841	70	2	"	"	205	11,708	6,966	19,585

ENSEIGNEMENT LIBRE.

NOMS DES MISSIONS.	NOMBRE D'ÉCOLES.	NOMBRE D'ÉLÈVES. — Garçons et filles.
Catholique	1,295	99,262
Mission protestante française	461	31,650
London Missionary Society	73	5,773
F. F. M. A.	86	6,992
Mission anglicane	107	6,425
Mission norvégienne	892	45,109
TOTAUX	2,914	195,211

L'enseignement supérieur comprend : l'école «Le Myre de Vilers» et l'«école professionnelle» de Tananarive.

Les écoles régionales sont actuellement en voie de création.

Les écoles primaires rurales sont au nombre de 205.

L'enseignement privé, dirigé par les différentes missions religieuses de l'Île, comprend 2,914 écoles et 195,000 élèves.

Les écoles privées sont placées sous l'inspection des autorités scolaires et administratives. Cette inspection ne concerne toutefois que la moralité et l'hygiène; elle ne peut porter sur l'enseignement que pour vérifier s'il n'est pas séditieux ou contraire aux lois et à la morale publique.

Certains avantages sont accordéspar la Colonie aux établissement privés.

Pour l'attribution de ces avantages, les écoles sont divisées en trois catégories :

1re catégorie. — Écoles installées avec atelier et jardin d'essai et organisées de manière à pouvoir donner, outre l'enseignement du français, un enseignement industriel, agricole et commercial.

2e catégorie. — Écoles ne pouvant pas donner l'enseignement industriel, mais seulement un enseignement agricole, commercial et l'enseignement du français.

3e catégorie. — Écoles non pourvues d'atelier ni de jardin et ne donnant que l'enseignement du français.

Les élèves des écoles de la 1re catégorie sont dispensés des prestations et du service militaire. Ceux des écoles de la 2e catégorie sont dispensés des prestations. Enfin, ceux des écoles de la 3e catégorie, dirigées par des maîtres européens, sont seulement autorisés à racheter leurs prestations à la moitié du taux fixé par les règlements en vigueur.

En outre, la Colonie prend à sa charge une partie du traitement des instituteurs brevetés des 1re et 2e catégories, si ces instituteurs ont obtenu des résultats appréciables, tant dans l'enseignement du français que dans celui de l'agriculture, des travaux de couture, des différents autres métiers.

Des ateliers professionnels existent à Diégo-Suarez, Fianarantsoa, Ankazobé et Mahanoro.

MISSIONS RELIGIEUSES.

Il n'existe pas de clergé séculier à Madagascar.

Les premiers missionnaires débarqués dans l'Île furent les Méthodistes anglais, qui arrivèrent à Tananarive en 1818, et furent suivis par des missionnaires de la Société de Jésus.

Les missions religieuses existant actuellement dans la Colonie sont les suivantes :

Missions françaises.

Pères du Saint-Esprit. — Occupent le «Vicariat apostolique du Nord» comprenant tous les territoires situés entre le cap d'Ambre et le 18° parallèle.

Jésuites, frères des écoles chrétiennes et sœurs de Saint-Joseph de Cluny. — Occupent le «Vicariat apostolique du Centre», du 18° au 23° parallèle.

Lazaristes. — Occupent le «Vicariat apostolique du Sud», du 23° parallèle au cap Sainte-Marie.

Mission protestante française. — Imerina et Betsileo.

Missions étrangères.

London Missionary Society.

Friends Foreing Mission Association (protestante anglaise).

Mission anglicane.

Mission norvégienne (luthérienne).

Ces sociétés étrangères ont leurs principaux établissements en Imerina et dans le Betsileo; mais elles comptent également des missions dans les régions côtières de l'Île. Leur œuvre est à la fois religieuse et scolaire.

POSTES ET TÉLÉGRAPHES.

La taxe postale est de 0 fr. 15 par 15 grammes tant pour les lettres destinées à l'intérieur qu'à la France; elle est de 0 fr. 25 pour l'étranger.

Le tableau de la page 36, en indiquant la marche des divers courriers circulant dans la Colonie, donne en même temps, la liste des localités desservies par le Service des postes.

Réseau télégraphique. — Les communications télégraphiques existent entre Tananarive et Tamatave, Tananarive et Majunga, Tananarive et Betroka, Tamatave et Mananjary, Mananjary et Fianarantsoa. Les principales localités situées sur ces lignes sont naturellement desservies par elles. La taxe télégraphique intérieure est de 0 fr. 10 par mot avec minimum de perception de 1 franc; les télégrammes pour France, expédiés *via* Zanzibar ou Cap-Town, coûtent 7 fr. 10 par mot.

Réseau téléphonique. — Les villes de Tananarive et Tamatave sont, chacune, pourvues d'un réseau téléphonique. Trois communications extra-urbaines existent en outre entre Tananarive et Tsiafatry (20 kilom.), Tananarive et Arivonimamo (50 kilom.), Tananarive et Ambohimanga (20 kilom.)

Mandats postaux. — Il existe deux sortes de mandats-poste :

Le mandat-poste intérieur, qui est payable dans tous les bureaux de l'Île, quelle que soit la destination portée sur le titre, et le mandat-carte, qui n'est plus employé que pour l'émission de mandats à transformer en mandats pour la France ou en traites sur le Trésor.

Les mandats supportent un droit fixe de 1 p. 100, avec un minimum de 0 fr. 25.

MARCHE DES COURRIERS POSTAUX.

Nota. — Outre les courriers désignés ci-dessous, il existe entre les chefs-lieux des cercles et les secteurs un service bi-hebdomadaire de correspondances réglé selon les besoins de l'autorité.

ORIGINE des CORRESPONDANCES.	DESTINATION.	DATE OU JOUR DE DÉPART.	HEURE.	DATE OU JOUR D'ARRIVÉE.	PRINCIPALES LOCALITÉS DESSERVIES.	OBSERVATIONS.
Tananarive	Tamatave	Les lundi, mercredi et samedi de chaque semaine et les 13, 14, 28 et 29.	8 h. 30 matin	Les dimanche, mercredi et vendredi de chaque semaine et les 18 et 2 ou 3 de chaque mois.	Ambohimangakely, Ambohimalaza, Manjakandriana, Ankeramadinika, Fody, Moramanga, Beforona, Mahatsara et Andévorante.	Les courriers des 14 et 29 ne prennent pas les correspondances pour la ligne d'étapes.
Tamatave	Tananarive	Les lundi, mercredi et vendredi de chaque semaine et les 5 ou 6, 15 ou 16 de chaque mois.	6 h. 10 matin aussitôt après le débarquement des dépêches apportées par les malles.	Les dimanche, mercredi et vendredi de chaque semaine, les 9 ou 10 et 19 ou 20 de chaque mois.	Antanifotsy, Santaravy, Manambonitra, Ampasimbe.	Le courrier des journaux qui n'est pas transporté par les relais, arrive à Tananarive les 12 ou 13 et 22 ou 23 de chaque mois.
Tananarive	Majunga	Les 4, 7, 10, 15, 19, 24, 27 et 30 (le 16 de chaque mois).	8 h. 30 matin	Les 11, 14, 17, 22, 26, 31 ou 1er, 2 ou 3 et 5 ou 6, 22 ou 23.	Ampanotoleana, Fihaonana, Ankazobe, Kiangara, Andriba, Antsiafobositra, Mevatanana.	Le courrier partant le 16 de Tananarive est un courrier léger, rapide, correspondant avec la malle, pour l'Europe et Majunga, le 23. Il ne comporte aucune correspondance pour la ligne d'étapes.
Majunga	Tananarive	Les 2, 5, 8, 12, 16, 20, 24 et 28.	8 h. 30 matin	Les 9, 12, 15, 19, 23, 27, 31 ou 1er et 3 ou 4.	Mahitsy, Analdava, Nossi-Bé.	
Tananarive	Fianarantsoa	Les lundi et jeudi et le lendemain d'arrivée de courriers d'Europe.	8 h. 30 matin	Les vendredi et lundi	Tsinfahy, Antsirabe, Betafo, Ambositra, Midongy, Malaimbandy, Tsiandava, Mohabo et Morondava, Ihosy, Betroka, Tamotamo, Fort-Dauphin, Tuléar, Farafangana.	Les correspondances pour Betafo, Nanatonana et Miandrivazo sont expédiées d'Antsirabe dès l'arrivée du courrier venant de Tananarive.
Fianarantsoa	Tananarive	Les mercredi et samedi	8 h. 30 matin	Les dimanche et mardi		
Tananarive	Ambodimadiro	Le mardi	8 h. 30 matin	Le mardi (15 jours après le départ)	Ajozorobe, Ambatondrazaka, Imerimandroso, Mandritsara, Befandriana, Ambodimadiro.	
Ambodimadiro	Tananarive	Le jeudi	8 h. 30 matin	Le jeudi (15 jours après le départ).		
Tananarive	Fort-Dauphin par Fianarantsoa	Le lundi	8 h. 30 matin	Le lundi (15 jours après le départ)	Ihosy, Betroka, Tamotamo	Ce courrier comprend les correspondances pour Tuléar, qui sont dirigées sur les destinations par Ihosy.
Fort-Dauphin	Tananarive par Fianarantsoa	Le samedi	8 h. 30 matin	Le dimanche (15 jours après le départ).		
Tananarive	Ambatondrazaka	Les mardi et vendredi	8 h. 30 matin	Les dimanche et mercredi	Ambohitrolomahitsy, Ambatomainty, Anjozorobe, Mandanivatsy et Andranofotsy.	
Ambatondrazaka	Tananarive	Les mercredi et samedi	8 h. 30 matin	Les lundi et jeudi		
Tananarive	Ankavandra	Les jeudi et samedi	8 h. 30 matin	Les mercredi et jeudi	Arivonimamo, Miarinarivo, Fenoarivo et Soavinandriana.	Correspondances pour Soavinandriana à chacun de ces courriers.
Ankavandra	Tananarive	Les jeudi et samedi	8 h. 30 matin	Les mardi et jeudi		
Tananarive	Isoavinandriana	Le lundi	8 h. 30 matin	Le mercredi	Arivonimamo, Miarinarivo, Fenoarivo et Soavinandriana.	Les correspondances pour Morondava sont envoyées d'Isoavinandriana le lendemain de l'arrivée des courriers de Tananarive.
Isoavinandriana	Tananarive	Le jeudi	8 h. 30 matin	Le samedi		

ORIGINE des CORRESPONDANCES.	DESTINATION.	DATE OU JOUR DE DÉPART.	HEURE.	DATE OU JOUR D'ARRIVÉE.	PRINCIPALES LOCALITÉS DESSERVIES.	OBSERVATIONS.
TANANARIVE	VATOMANDRY	Les lundi et mercredi	8 h. 30 matin	Les vendredi et dimanche	Ankeramadinika, Moramanga et Beforona.	Ces courriers comportent les correspondances pour Mahonoro, Mananjary et Farafangana.
VATOMANDRY	TANANARIVE	Les mardi et samedi	8 h. 30 matin	Les dimanche et jeudi		
TAMATAVE	MAROANTSETRA	Les 6, 12, 17 et 25	8 h. 30 matin	Les 15, 19, 20 et les 2 ou 3 de chaque mois.	Foulpointe et Mahambo, Fénérive et Soamianina, Manauara.	»
MAROANTSETRA	TAMATAVE	Les 6, 12, 15 et 22	8 h. 30 matin	Les 14, 22, 23 et 30 de chaque mois.		
TAMATAVE	MORAMANGA	Les mercredi et samedi	6 h. matin	Les vendredi et lundi soir	Antanifotsy, Andévorante, Mahatsara, Santaravy, Beforona.	NOTA. — Il ne sera pas envoyé de courriers spéciaux pour l'Europe lorsque les dates d'envoi coïncideront avec le départ de courriers bi-hebdomadaires.
MORAMANGA	TAMATAVE	Les jeudi et dimanche 14 et 29 matin.	6 h. matin	Les samedi et mardi, les 17, 1er ou 2.		
MORAMANGA	ANOSIBE	Les dimanche et jeudi	Après arrivée du courrier de Tananarive.	»	»	»
ANOSIBE	MORAMANGA	Les samedi et mardi	8 h. matin			
TAMATAVE	FIANARANTSOA	Les mercredi et vendredi	6 h. 10 matin, après arrivée de la malle.	Les lundi et vendredi	Andévorante, Vatomandry, Mahanoro, Mahela, Mananjary.	»
FIANARANTSOA	TAMATAVE	Les mercredi et vendredi	8 h. 30 matin	Les lundi et vendredi		
TAMATAVE	FORT-DAUPHIN	Le mercredi	6 h. 10 matin, après arrivée de la malle.	Le dimanche, les 22 ou 23 et les 1er ou 2.	»	»
FORT-DAUPHIN	TAMATAVE	Le lundi, le 5 ou 20 de chaque mois.	8 h. 30 matin	Le lundi et les 12 et 27 de chaque mois.		
TULÉAR	ANKATOFOTSY	Le lundi et 13 ou 14	11 h. 30 matin	Le mercredi et le 15 ou le 16	Saint-Augustin et Itondraka.	»
ANKATOFOTY	TULÉAR	Le jeudi	8 h. 30 matin	Le samedi		
MAJUNGA	ANALALAVA	Le mardi	8 h. 30 matin	Le samedi	Ambenja, Passandave et Antonibe.	»
ANALALAVA	MAJUNGA	Le dimanche	Après le passage du courrier de Nossi-Bé.	Le jeudi		
DIÉGO-SUAREZ	BAIE DU COURRIER	Tous les deux jours	8 h. 30 matin	Aller et retour dans la même journée.	»	»

ORIGINE des CORRESPONDANCES.	DESTINATION.	DATE OU JOUR DE DÉPART.	HEURE.	DATE OU JOUR D'ARRIVÉE.	PRINCIPALES LOCALITÉS DESSERVIES.	OBSERVATIONS.
Diégo-Suarez	Vohémar	Les 4 ou 5 et 19 ou 20	8 h. 30 matin	Les 7 ou 8 et 22 ou 23	"	"
Vohémar	Diégo-Suarez	Les 9 et 29	8 h. 30 matin	Les 12 et 1er ou 2		
Vohémar	Angontsy	Les 8 ou 9 et 23 ou 24	8 h. 30 matin	Les 13 ou 14 et 28 ou 29	Passandava et Antalaha.	"
Angontsy	Vohémar	Les 3 et 18	8 h. 30 matin	Les 8 et 28		
Mandritsara	Befandriana	Service quotidien	8 h. 30 matin	"	"	"
Mandritsara	Maroantsetra	Service quotidien	8 h. 30 matin	"	"	"
Manjunga	Soalala	Les 2 et 24	8 h. 30 matin	"	"	Par mer.
Soalala	Majunga	Les 16 et 30				
Fénérive	Antenina	Service mensuel	8 h. matin	"	"	Par boutre.
Fianarantsoa	Betroka	Le mardi	8 h. matin	Le samedi soir	Ihosy.	"
Betroka	Fianarantsoa	Le lundi	8 h. matin	Le vendredi soir		
Moramanga	Ambatondrazaka	Les samedi et mercredi	7 h. matin	Les mardi et vendredi soir	"	Nota. — Il ne sera pas envoyé de courriers spéciaux pour l'Europe lorsque les dates coïncideront avec celles des courriers bi-hebdomadaires.
Ambatondrazaka	Moramanga	Les dimanche et mercredi et les 10 et 25.	7 h. matin	Les mercredi et samedi et les 13 et 28 le soir.		
Tamatave	Imerimandroso	Les 6, 12, 17 et 25	8 h. 30 matin	Les 13, 19, 23 et 2 ou 3	Foulpointe, Mahambo, Fénérive, Sahatavy.	"
Imerimandroso	Tamatave	Les 5, 11, 15 et 21	8 h. 30 matin	Les 11, 17, 21 et 27		
Ambositra	Morondava	Les jeudi et dimanche	8 h. matin	"	Midongy, Malaimbandy, Asiandava, Mahabo, Morondava.	"
Morondava	Ambositra					

Voici la liste des bureaux admis à l'émission et au payement des mandats-poste intérieurs :

Tananarive.	Ivohibe.
Tamatave.	Miarinarivo.
Majunga.	Moramanga.
Arivonimamo.	Mahatsara.
Anjozorobé.	Maroantsetra.
Ankazobe.	Mahanoro.
Ambatondrazaka.	Mananjary.
Andévorante.	Maintirano.
Antalaha.	Mandritsara.
Ambalavelona.	Manjakandriana.
Analalava.	Marovoay.
Ambositra.	Maevatanana.
Antsirabe.	Miandrivazo.
Ankavandra.	Morondava.
Betafo.	Nossi-Bé.
Beforona.	Sainte-Marie.
Bekodia.	Sambava.
Betroka.	Sabotsy.
Diégo-Suarez.	Santaravy.
Fénérive.	Tsiafahy.
Fort-Dauphin.	Tuléar.
Farafangana.	Vatomandry.
Fianarantsoa.	Vohémar.

Le public est aussi admis à envoyer des fonds par télégraphe de et pour les localités désignées ci-après :

Tananarive.	Vatomandry.
Antsirabe.	Mahanoro.
Tamatave.	Mananjary.
Majunga.	Ambositra.
Beforona.	Fianarantsoa.
Andévorante.	Maevatanana.

La taxe d'un mandat télégraphique se compose :

1° D'un droit de 1 p. 100 ;

2° De la taxe télégraphique du texte du mandat, à raison de 0 fr. 10 par mot ;

3° D'un droit fixe de 0 fr. 50, pour avis au destinataire.

Colis postaux. — Voici le tarif de transport des colis postaux à l'intérieur et à l'extérieur :

TARIF DES TAXES APPLIQUÉES AUX COLIS POSTAUX
À DESTINATION DE L'INTÉRIEUR.

Nota. En sus de la taxe ci-dessus, destinée à couvrir les dépenses occasionnées pour leur transport, tous les colis, sans exception, sont soumis, à leur entrée dans la Colonie, à un droit de factage de 0 fr. 25, à percevoir sur les destinataires.

DESTINATION.	TARIF.
1° De Tamatave à Andévorante	1 fr. 50 pour les colis de 3 kilogr. 2 francs pour ceux de 5 kilogr.
2° De Tamatave au delà d'Andévorante jusqu'à Moramanga	1 franc par kilogr. ou fraction de kilogr.
3° De Tamatave au delà de Moramanga jusqu'à Tananarive, Antsirabe, Ankazobe	1 fr. 50 par kilogr. ou fraction de kilogr.
4° De Tamatave au delà d'Andévorante jusqu'à Mahanoro	1 franc par kilogr.
5° De Tamatave à Mananjary (voie de mer)	1 franc par colis.
6° De Tamatave à Fianarantsoa et Antsirabe (voie de mer jusqu'à Mananjary)	1 franc par kilogr.
7° De Tamatave à Farafangana et Vaugaindrano (voie de mer jusqu'à Mananjary)	2 fr. 50 par colis.
8° De Tamatave à Fort-Dauphin (voie de mer)	1 franc par colis.
9° De Tamatave à Tamotamo et Betroky (voie de mer jusqu'à Fort-Dauphin)	1 franc par kilogr.
10° De Tamatave à Foulpointe à Fénérive	2 francs par colis.
11° De Tamatave au delà de Fénérive jusqu'à Maroantsetra et Ambatoudrazaka et Mandritsara	2 fr. 50 par colis.
12° De Tamatave à Ankavandra Miandrivazo	1 fr. 75 par kilogr.
13° De Diégo-Suarez à Vohémar	2 francs par colis.
14° De Diégo-Suarez à Sambava et Antalaha	2 fr. 50 par colis.
15° De Nossi-Bé aux divers postes de la Grande-Terre	2 francs par colis.
16° D'Analalava aux divers postes de la province	2 francs par colis.
17° De Majunga à Soalala	1 franc par colis.
18° De Maintirano aux divers postes de la province	2 francs par colis.
19° De Morondava aux divers postes de la province	2 francs par colis.
20° De Tuléar aux divers postes de la province	2 francs par colis.
21° De Majunga à Marovoay	1 fr. 50 par colis.
22° De Majunga à Maevatanana	2 fr. 50 par colis.
23° De Majunga à Andriba	3 fr. 50 par colis.
24° De Tananarive à Tamatave	0 fr. 50 par kilogr.
25° De Tananarive à Ankazobe, Antsirabe, Betafo, Beforona, Miarinarivo (colis nés au bureau de Tananarive)	2 fr. 50 par colis.
26° De Tananarive à Fianarantsoa, Miandrivazo, Ankavandra, Maevatanana, Andévorante (colis nés au bureau de Tananarive)	3 francs par kilogr.

DESTINATION.	TARIF.
27° D'Antsirabe, Betafo, Miarinarivo, Ankazobe à Tamatave	1 franc par kilogr.
28° De Fianarantsoa à Betroka (pour les colis nés à Fianarantsoa)............................	2 fr. 50 par colis.
29° De Fianarantsoa à Ihosy, Ivohibe, Ikongo, Midongy (pour les colis nés à Fianarantsoa)............	1 fr. 50 par colis.

TARIF DES TAXES APPLIQUÉES AUX COLIS POSTAUX
À DESTINATION DE L'ÉTRANGER.

Nota. Les taxes mentionnées ci-dessus ne sont applicables qu'aux colis originaires de Majunga, Tamatave, Sainte-Marie, Diégo-Suarez et Nossi-Bé. Ceux provenant des autres bureaux doivent acquitter en plus la taxe spéciale de transport dans l'intérieur.

DESTINATION.	VOIE DE TRANSMISSION.	TAXES.	NOMBRE de DÉCLARATIONS en douane.
		fr. c.	
France............	Paquebots français...............	3 00	1
Sénégal............	Voie de France................	3 50	1
Congo français....... Rivières du Sud...... Guadeloupe......... Martinique.......... Guyane française.....	*Idem*........................	4 50	1
Obock.............	Voie directe des paquebots français...	1 00	1
Pondichéry.......... Karikal...........	*Idem*........................	2 00	1
Mayotte........... Réunion...........	*Idem*........................	0 50	1
Cochinchine......... Nouvelle-Calédonie...	*Idem*........................	3 00	1
Annam............. Tonkin............	*Idem*........................	3 50	1
Tahiti............	Voie de France et paq. fr. et australiens.	5 00	1
Allemagne..........	Voie de France et paquebot français..	3 50	2
Idem.............	France et Belgique..............	4 00	3
Argentine (République).	Voie de France..............	7 25	3
Autriche-Hongrie.....	*Idem*........................	3 50	3
Belgique...........	*Idem*........................	3 50	2
Bulgarie...........	*Idem*........................	3 25	4
Cameroun...........	Voie de France et paq. allemands....	6 00	3
Territoire de Togo....	Voie de France, de Belgique et d'Allemagne...............	6 50	4

DESTINATION.	VOIE DE TRANSMISSION.	TAXES.	NOMBRE de DÉCLARATIONS en douane.
		fr. c.	
CHILI	Voie de France, de Belgique et d'Allemagne	7 00	8
CONGO (ÉTATS INDÉPEND.)	Voie de France et de Belgique	5 50	3
DANEMARK	Voie de France	4 00	2
ANTILLES DANOISES	*Idem*	5 50	1
St-THOMAS, St-JEAN, ÉGYPTE ET TURQUIE	Voie directe des paquebots français	3 25	1
ESPAGNE	*Idem*	3 75	3
GRANDE-BRETAGNE	Voie de France et de Calais	4 50	2
GRÈCE	Voie directe des paquebots français	3 25	1
	Voie de Marseille	4 00	1
	Voie de France et d'Italie	4 50	2
ITALIE (y comp. Ste-Marie)	Voie de France	3 75	1
MASSOUAH-ASSAB	Voie d'Égypte	3 75	2
LUXEMBOURG	Voie de France	3 25	2
MALTE	Voie de France et des paq. français	3 75	2
Idem	Voie de France et d'Italie	4 50	2
ILE MAURICE	Voie des paquebots français	1 50	1
ILES SEYCHELLES (MAHÉ)	*Idem*	2 00	1
MONTENEGRO	Voie de France	4 75	3
NORVÈGE	Voie de France, d'Allemagne et de Suède	5 00	2
	Voie de France, d'Allemagne et de Danemark	4 75	2
	Voie de France, d'Allemagne et de Hambourg	4 25	2
PAYS-BAS	Voie de France	4 00	4
PORTUGAL	*Idem*	4 25	4
AÇORES (ILES)	*Idem*	5 25	4
MADÈRE (ILES)	*Idem*	4 75	4
ROUMANIE	*Idem*	4 75	3
SALVATOR (RÉPUBLIQUE)	*Idem*	6 25	2
SERBIE	*Idem*	4 75	3
SHANG-HAÏ (FRANÇAIS)	Voie des paquebots français	4 00	1
SUÈDE	Voie de France	5 00	3
SUISSE	*Idem*	3 50	2
TRIPOLI	*Idem*	3 50	3
URUGUAY	Voie de France et paquebots français	7 25	3
DURBAN	Jusqu'à 3 kilogrammes	6 70	2
	Jusqu'à 5 kilogrammes	9 70	2
COSTA-RICA	Paquebots français	6 85	2
BOLIVIE	3 kilogrammes (20 d. 3)	5 10	5
DUCHÉ DE FINLANDE		5 75	3
TUNISIE	5 kilogrammes	4 20	2

ORGANISATION DU SERVICE SANITAIRE ET MÉDICAL. — MALADIES.

La direction du service médical dans la Colonie est confiée exclusivement au corps de santé des colonies.

Les officiers de ce corps sont répartis, suivant les besoins, dans les différents centre de l'Île; ils assurent le service des soins médicaux aux militaires, fonctionnaires et colons.

Il n'y a dans la Colonie que des hôpitaux militaires; ils répondent d'ailleurs amplement à tous les besoins; les fonctionnaires et les colons sont admis à y recevoir les soins que peut nécessiter leur état de santé.

A Tananarive, en raison de l'importance de la population indigène, a été créé un *hôpital malgache*, placé sous la direction d'un officier du corps de santé des colonies. A cet hôpital, est annexée une école de médecine pour les indigènes, qui délivre des diplômes d'aptitude à l'exercice de la médecine.

Exceptionnellement, à Tananarive et à Nossi-Bé, un médecin civil a été chargé des fonctions de médecin municipal et de la visite des fonctionnaires.

Un *Institut vaccinogène* a été créé au cours de l'année 1899. Cet établissement fournit aujourd'hui le vaccin nécessaire aux différents postes de la Colonie.

A côté des *léproseries* privées, entretenues par les missions, des établissements analogues officiels sont ou vont être installés à Ambohidratrino (province de Tananarive), à Soavina (cercle de Manjakandriana), à Betafo et à Fianarantsoa.

Au commencement de notre occupation, le service de la pharmacie était assuré à Tananarive par l'hôpital militaire. Depuis, des pharmaciens civils s'étant installés, ce service a été supprimé. Il existe également des pharmaciens civils à Tamatave, Majunga et Diégo-Suarez. Dans tous les autres postes, les envois de remèdes sont faits, suivant les demandes des chefs de province, par les soins de la direction du service de santé.

Maladies. — La fièvre exerce ses ravages dans toute l'étendue de l'Île; mais elle est moins à redouter sur les hauts plateaux. Les affections de l'intestin, dysenteries ou diarrhées, sont moins fréquentes à Madagascar que dans les autres colonies. Les maladies du foie sont relativement rares. La variole et la rougeole se manifestent assez souvent chez les indigènes qui sont aussi sujets aux affections des voies respiratoires. La gale est commune chez les Malgaches. Enfin, les maladies vénériennes sont assez fréquentes.

Le plateau central est, de beaucoup, la région la plus saine de l'Île. L'Européen peut s'y livrer à des travaux manuels. Le littoral, notamment la côte est, est beaucoup moins salubre; en observant une hygiène rigoureuse, on parvient aisément, néanmoins, à y séjourner très longtemps.

POLICE.

Police proprement dite. — Les grands centres de l'Île sont seuls dotés d'une police locale et de fonctionnaires spéciaux assurant ce service.

A Tananarive, ce service est aujourd'hui complètement organisé.

Un commissaire central, assisté d'un commissaire de police et d'inspecteurs de police, assure, en même temps, le service municipal et la police de sûreté.

Un commissaire de police est également chargé de la direction de la prison civile.

Tamatave, Majunga et Nossi-Bé ont la même organisation.

Dans les autres localités, les fonctions de commissaire de police sont confiées soit à un gendarme, soit à un garde de milice, soit, enfin, à un sous-officier.

Dans toutes les provinces existe une prison, qui reçoit les détenus de toute la circonscription.

Garde indigène ou milice. — La garde civile indigène de Madagascar est une force de police mise à la disposition des autorités territoriales pour assurer le maintien de l'ordre et la sécurité; en cas de nécessité, elle prend part aux opérations militaires.

Elle a été instituée par un décret en date du 11 décembre 1895; le recrutement des premiers éléments de ce corps remonte au 23 mars 1896.

Les compagnies de milice sont placées sous l'autorité directe des administrateurs, chefs de province. Au point de vue comptable et administratif, elles dépendent du bureau de l'administration centrale de la garde civile indigène, qui a son siège à Tananarive.

Le recrutement de chaque compagnie s'opère, autant que possible, parmi les habitants de la province à laquelle elle est affectée.

Chaque unité est dotée, dès sa création, d'une masse d'entretien fixée par le budget local, et dans la limite de laquelle les chefs de province sont autorisés à se mouvoir.

La milice a rendu de grands services dans la pacification de la Colonie; elle a pris part à toutes les opérations militaires depuis 1896, et s'est fait remarquer par son endurance et son esprit de discipline.

Il y a aujourd'hui, sur tout le territoire de l'Île, 24 compagnies de milice, représentant un effectif de 4,000 hommes et de 118 gradés européens.

COMMERCE.

MOUVEMENT COMMERCIAL AVEC L'EXTÉRIEUR.

Le tableau suivant donne le mouvement commercial de la Colonie avec l'extérieur pendant les quatre dernières années; il montre que ce mouvement n'a pas cessé de s'accroître dans de remarquables proportions et qu'il a notamment plus que doublé depuis l'annexion de l'Île au territoire français.

ANNÉES.	IMPORTATIONS.	DIFFÉRENCE en plus d'une année à l'autre.	EXPORTATIONS.	DIFFÉRENCE en plus d'une année à l'autre.	TOTAL des IMPORTATIONS et des EXPORTATIONS.	DIFFÉRENCE en plus d'une année à l'autre.
	francs.	francs.	francs.	francs.	francs.	francs.
1896.	13,987,931		3,605,951		17,593,882	
		4,370,986		736,480		5,107,466
1897.	18,358,918		4,342,432		22,701,350	
		3,268,899		632,116		3,901,616
1898.	21,627,817		4,974,548		26,602,365	
		6,288,797		3,071,859		9,360,656
1899.	27,916,614		8,048,408		35,963,022	

Importance du commerce de la Colonie avec la Métropole. — Le tableau ci-après établit que le commerce de Madagascar avec l'étranger diminue journellement d'importance et que la France tend à devenir maîtresse absolue du marché.

		FRANCE ET COLONIES.	AUTRES PAYS.	TOTAUX.
		francs.	francs.	francs.
Importations	1898...	16,120,710	5,507,107	21,627,817
	1899...	24,223,219	3,693,395	27,916,614
DIFFÉRENCE		+ 8,102,509	— 1,813,712	+ 6,288,797
Exportations	1898...	2,291,327	2,683,222	4,974,549
	1899...	5,445,135	2,601,273	8,046,408
DIFFÉRENCE		+ 3,153,808	— 81,949	+ 3,071,859

		FRANCE ET COLONIES.	AUTRES PAYS.	TOTAUX.
		francs.	francs.	francs.
Total des exportations et des importations.	1898...	18,412,037	7,190,329	26,602,366
	1899...	29,668,354	6,294,668	35,963,022
Différence........		+ 11,256,217	— 1,895,661	+ 9,360,656

IMPORTATIONS.

La valeur comparée, pendant les quatre dernières années, des principaux articles importés, en distinguant entre ceux de provenance française et ceux de provenance étrangère, se trouve indiquée dans le tableau de la page 50.

Le tableau suivant indique les principaux pays de provenance des produits importés. Il permet également de se rendre compte du succès de l'industrie française.

PRINCIPAUX PAYS DE PROVENANCE DES PRODUITS IMPORTÉS.

RANG D'IMPORTATION pour 1899.	PAYS DE PROVENANCE.	ANNÉES. 1898.		ANNÉES. 1899.		DIFFÉRENCE en 1899.	
		fr.	c.	fr.	c.	fr.	c.
1	France.........	17,029,655	40	24,377,357	06	+ 7,347,701	66
2	Réunion.......	709,881	33	924,902	03	+ 215,020	70
3	Autres colonies françaises.....	402,284	65	677,608	97	+ 257,324	32
4	Côte orientale d'Afrique.....	318,541	34	603,092	73	+ 284,551	39
5	Angleterre......	1,047,712	78	398,915	56	— 648,797	22
6	Allemagne......	435,911	26	349,082	17	— 86,829	09
7	Indes anglaises...	401,531	93	228,902	49	— 172,649	44
8	Suède et Norvège.	384,853	50	133,715	00	— 251,138	50
9	Autres colonies anglaises.......	54,446	65	69,576	00	+ 15,129	35
10	Amérique......	345,066	06	64,114	40	— 280,951	66
11	Maurice........	388,534	26	34,315	80	— 354,218	46
12	Égypte........	15,877	17	10,278	75	— 5,598	42
13	Autres pays.....	75,500	79	44,753	45	— 30,747	34
	Totaux.....	21,627,817	12	27,916,614	41	+ 6,288,797	29

PRINCIPAUX PRODUITS IMPORTÉS EN 1896, 1897, 1898 ET 1899.

NATURE des PRODUITS IMPORTÉS.		ANNÉES. 1896.	1897.	DIFFÉRENCE en 1897.	ANNÉES. 1897.	1898.	DIFFÉRENCE en 1898.	ANNÉES. 1898.	1899.	DIFFÉRENCE en 1897.
		fr. c.	fr. c.	fr. c.	fr. c.	fr. c.	fr. c.	fr. c.	fr. c.	fr. c.
Tissus de coton	France et colonies.	1,619,309 59	504,356 72	+ 1,114,952 87	504,356 72	5,199,780 06	+ 4,695,423 34	5,199,780 06	7,994,086 82	+ 2,794,306 76
	Pays étrangers.	4,997,131 58	6,510,112 02	+ 1,512,980 44	6,510,112 02	2,215,789 76	− 4,264,322 26	2,215,789 76	846,775 37	− 1,369,014 39
Vins ordinaires	France et colonies.	391,309 14	880,648 58	+ 489,339 44	880,648 58	1,153,800 80	+ 273,152 22	1,153,800 80	2,167,689 66	+ 1,013,888 86
	Pays étrangers.	40,671 42	138,075 95	+ 97,404 53	138,075 95	10,541 44	− 127,534 51	10,541 44	3,963 50	− 6,577 94
Alcools divers (eaux-de-vie de toute sorte, rhum, tafia, liqueurs).	France et colonies.	748,427 47	682,917 61	− 65,509 86	682,917 61	1,055,213 51	+ 372,295 90	1,055,213 51	1,823,713 97	+ 768,500 46
	Pays étrangers.	228,111 49	39,353 81	− 188,757 68	39,353 81	85,648 62	+ 46,294 81	85,648 62	44,500 00	− 41,148 62
Riz	France et colonies.	13,068 23	287,782 62	+ 274,714 39	287,782 62	899,564 93	+ 611,782 31	899,564 93	760,196 66	− 139,368 27
	Pays étrangers.	373,874 04	226,690 90	− 147,183 15	226,690 90	160,893 74	− 65,797 16	160,893 75	53,425 17	− 107,468 57
Farine de froment	France et colonies.	101,498 19	155,110 74	+ 53,612 55	155,110 74	362,055 05	+ 206,944 31	362,055 05	1,168,957 07	+ 806,902 02
	Pays étrangers.	146,109 75	102,391 71	− 43,718 04	102,391 71	80,289 75	− 22,101 96	80,289 74	78,153 25	− 2,136 50
Viandes salées ou conservées	France et colonies.	105,377 49	54,325 98	− 51,051 51	54,325 98	63,600 23	+ 9,274 25	63,600 23	170,658 30	+ 107,058 07
	Pays étrangers.	60,824 71	88,733 97	+ 27,909 26	88,733 97	39,716 19	− 49,017 78	39,716 19	26,402 82	− 13,313 37
Vins de Champagne et vins mousseux	France et colonies.	145,857 06	137,240 25	− 8,616 81	137,240 25	173,291 65	+ 36,051 40	173,291 65	247,377 02	+ 74,085 37
	Pays étrangers.	"	872 00	+ 872 00	872 00	"	− 872 00	"	"	"
Bimbeloterie	France et colonies.	102,499 15	96,207 65	− 6,291 50	96,207 65	157,685 13	+ 61,477 48	157,685 13	353,807 04	+ 196,121 91
	Pays étrangers.	40,524 59	20,174 62	− 20,349 97	20,174 62	21,879 12	+ 1,704 50	21,879 12	10,068 50	− 11,810 62
Tabacs fabriqués	France et colonies.	98,445 91	170,590 77	+ 72,144 86	170,590 77	125,905 68	− 44,685 09	125,905 68	202,791 22	+ 70,885 54
	Pays étrangers.	42,647 84	7,873 86	− 34,773 98	7,873 86	256 50	− 7,617 36	256 50	595 50	+ 339 00
Huiles de pétrole et autres huiles minérales	France et colonies.	12,159 20	3,861 20	− 8,298 00	3,861 20	11,955 30	+ 8,094 10	11,955 30	6,428 80	− 5,526 50
	Pays étrangers.	10,865 63	112,105 16	+ 101,239 53	112,105 16	109,247 86	− 2,857 30	109,247 86	163,583 46	+ 54,335 60

4.

Voici divers renseignements sur la vente de quelques-uns des principaux produits importés.

Tissus. — Le commerce des tissus est de beaucoup le plus important de Madagascar. Les toiles anglaises et américaines, qui pendant longtemps ont tenu le marché, disparaissent petit à petit, pour faire place aux marques françaises, seules importées actuellement. Cependant les indiennes anglaises sont encore les plus appréciées et luttent avantageusement contre les nôtres, à cause de leur bon marché.

Le prix moyen des toiles écrues à Tananarive a été, pour l'année 1899, de 425 à 450 francs la balle, soit 17 francs ou 17 fr. 50 la pièce de 36 mètres. En avril 1900, il s'est produit une hausse considérable d'environ 3 francs par pièce.

Le montant total des importations s'est élevé aux valeurs suivantes :

1896	7,142,921f 09c
1897	8,263,534 00
1898	8,549,165 00
1899	9,609,478 13

Vins. — Les vins rouges sont l'objet d'un commerce assez important avec la Métropole. Madagascar ne reçoit que peu de vins blancs. — D'une façon générale, les vins doivent titrer de 12 à 13 degrés pour pouvoir supporter le voyage. Les expéditions sont faites le plus souvent en barriques bordelaises plâtrées et cerclées, qui valent de 70 à 110 francs pour les vins de Provence et de 90 à 150 francs pour ceux de Bordeaux rendus au quai d'embarquement en France. Il se fait cependant des expéditions en dames-jeannes et en bouteilles.

Les prix dans la Colonie varient de 0 fr. 75 à 2 fr. 25 le litre, suivant les localités.

Il a été importé comme vins ordinaires :

1896	431,980f 56c
1897	1,018,724 53
1898	1,164,341 24
1899	1,171,653 16

Conserves alimentaires. — Le marché de Madagascar est presque entièrement acquis aux conserves de fabrication française. Les marques les plus en faveur sont celles de Rödel et Teyssonneau, de Bordeaux; Amieux frères et Landais, de Nantes; Félix Potin, de Paris. Celles-ci trouvent acquéreurs non seulement parmi les Européens, mais aussi parmi les indigènes, qui apprécient particulièrement les sardines à l'huile.

La valeur des importations de conserves a atteint :

1896	166,202f 20c
1897	208,668 13
1898	251,214 00
1899	392,386 84

Bières. — La bière est consommée dans la Colonie uniquement par les Européens. Les marques françaises vendues couramment sont les suivantes : «Velten, Phénix, Fauvette, Oppermann, Brasseries du Sud-Est, du Midi, Nationale». On rencontre aussi, mais moins fréquemment, les bières : «La Lorraine, Saint-Étienne, Tourtel-Tantonville».

Les seules marques étrangères qui soient l'objet d'importations sont «le Porter, le Stout et le Pale Ale».

Les importations se sont élevées, en valeur, aux sommes suivantes :

1896	86,917f 80c
1897	161,359 16
1898	157,276 26
1899	215.365 65

Alcool. — L'importation des eaux-de-vie diverses (rhums, tafias, esprits) s'est développée, ces dernières années, dans des proportions inquiétantes.

Au début de l'occupation, le commerce du rhum était presque entièrement entre les mains des maisons de Maurice; aujourd'hui, les transactions se font surtout avec la Réunion, grâce aux droits de douane qui ont frappé les produits étrangers.

Les alcools de toute nature sont astreints au payement d'une taxe de consommation de 200 francs par hectolitre.

Il en a été importé :

1896	518,958f 76c
1897	441,748 91
1898	828,019 75
1899	1,685,688 54

Papier et ses applications. — Le commerce du papier se fait presque entièrement avec la France. La concurrence étrangère provient surtout des missions anglaises qui possèdent à Tananarive deux imprimeries et se fournissent en Angleterre.

La vente du papier à écrire n'est pas encore très importante, mais on peut prévoir qu'avant longtemps, grâce aux progrès de l'instruction, ce commerce prendra une assez grande extension.

Les importations se sont élevées aux valeurs suivantes :

1896	109,503f 18c
1897	165,612 00
1898	208,082 00
1899	349,840 69

Farine de froment. — Les farines importées à Madagascar sont, pour la plupart, d'origine française, la plus grande quantité est destinée aux services administratifs du corps d'occupation. Leur prix de revient sur la côte varie entre 0 fr. 75 et 1 franc le kilogramme. Dans l'intérieur, il atteint jusqu'à 1 fr. 80.

Les importations se sont élevées aux valeurs suivantes :

1896	247,607f 94c
1897	257,502 45
1898	442,344 80
1899	1,247,110 32

Cigarettes. — Seuls les Européens font dans l'Île usage de cigarettes importées ; les indigènes consomment des tabacs du pays livrés à l'acheteur sous forme de cigares et de tabac à chiquer ou à priser.

Le marché des cigarettes est presque exclusivement détenu dans la Colonie par les maisons Bastos, d'Oran ; Clément et Mélia, d'Alger.

Les tabacs d'origine française entrent en franchise dans la Colonie, ils sont seulement soumis à une taxe de consommation s'élevant à :

7 fr. 50 le kilogramme pour les cigares et cigarettes ;

3 francs le kilogramme pour les tabacs autres.

Les importations de cigarettes se sont élevées aux valeurs suivantes :

1896	141,093f 75c
1897	178,464 03
1898	126,162 18
1899	95,363 00

Bougies. — La plus grande partie des bougies importées à Madagascar sont fabriquées en France, par la maison Fournier. Quelques timides essais avaient été faits par des maisons anglaises, pour introduire leurs produits sur le marché, mais ils n'ont pas abouti, et actuellement ce commerce est presque exclusivement entre les mains de nos compatriotes.

Les expéditions sont faites en caisses contenant généralement 25 paquets de 8 bougies chacun. Leur prix varie entre 0 fr. 60 et 1 franc dans les localités de la côte et entre 1 franc et 1 fr. 30 dans celles de l'intérieur.

Le montant total des importations a été :

1896	25,824f 29c
1897	93,209 82
1898	98,040 00
1899	169,163 79

Fromages. — Ces produits sont généralement importés à Madagascar dans des caisses à compartiments, quelquefois zinguées, mais toujours garnies intérieurement de sciure de bois. Les marques les plus en faveur sont originaires de France et de Hollande.

Les importations se sont élevées, en valeur, aux sommes suivantes :

1897	49,316f 70c
1898	65,707 00
1899	80,749 28

EXPORTATIONS.

L'état de la page 56 retrace le mouvement auquel a donné lieu l'exportation de chacun des dix principaux produits exportés pendant les quatre dernières années écoulées, en distinguant entre les pays destinataires; il prouve que les productions de l'Île ont une tendance de plus en plus marquée à se diriger vers la Métropole.

Le tableau ci-dessous indique les principaux pays de destination des produits exportés.

PRINCIPAUX PAYS DE DESTINATION DES PRODUITS EXPORTÉS.

PAYS DE DESTINATION.	ANNÉES. 1898.	1899.	DIFFÉRENCE en 1899.
	fr. c.	fr. c.	fr. c.
France	1,867,301 00	4,838,292 18	+ 2,970,991 18
Allemagne	1,052,154 00	1,430,138 15	+ 377,984 15
Réunion	292,058 00	517,089 30	+ 225,031 30
Angleterre	822,511 00	424,973 95	— 397,537 05
Autres colonies anglaises	138,655 00	278,344 90	+ 139,689 90
Maurice	352,263 00	218,742 60	— 133,520 40
Côte orientale d'Afrique	179,118 00	105,965 00	— 73,153 00
Autres colonies françaises	131,968 00	89,753 95	— 42,214 05
Indes anglaises	22,786 00	29,427 70	+ 6,641 07
Autres pays	115,735 00	113,680 50	— 2,054 50
	4,974,549 00	8,046,408 23	+ 3,071,859 23

PRINCIPAUX PRODUITS EXPORTÉS EN 1896, 1897, 1898 ET 1899.

NATURE des PRODUITS EXPORTÉS.		ANNÉES. 1896.	ANNÉES. 1897.	DIFFÉRENCE en 1897.	ANNÉES. 1897.	ANNÉES. 1898.	DIFFÉRENCE en 1898.	ANNÉES. 1898.	ANNÉES. 1899.	DIFFÉRENCE en 1899.
		fr. c.	fr. c.	fr. c.	fr. c.	fr. c.	fr. c.	fr. c.	fr. c.	fr. c.
Caoutchouc	France et colonies	163,862 78	262,273 50	+ 98,410 72	262,273 50	470,241 60	+207,968 10	470,241 60	1,047,382 91	+577,141 31
	Pays étrangers	1,161,466 75	838,926 50	−322,540 25	838,926 50	819,787 15	− 19,139 34	819,787 15	1,165,766 23	+345,979 08
Rapha	France et colonies	310,259 70	238,280 00	− 71,979 70	238,280 00	243,478 05	+ 5,198 05	243,478 05	838,744 50	+595,266 45
	Pays étrangers	374,013 50	355,064 00	− 18,949 50	355,064 00	317,724 00	− 37,340 00	317,724 00	683,332 50	+365,608 50
Bovidés	France et colonies	204,960 00	222,720 00	+ 17,760 00	222,720 00	159,760 00	− 62,960 00	159,760 00	170,400 00	+ 10,640 00
	Pays étrangers	202,230 00	324,615 00	+122,385 00	324,615 00	493,844 50	+169,229 50	493,844 50	672,319 00	+178,474 50
Cire	France et colonies	36,271 00	114,801 55	+ 78,530 55	114,801 55	140,739 70	+ 25,938 15	140,739 70	392,868 96	+252,129 26
	Pays étrangers	270,093 00	328,080 05	+ 57,987 05	328,080 05	242,043 05	− 86,037 00	242,043 05	132,700 50	−109,342 55
Peaux grandes brutes fraîches salées	France et colonies	40,150 00	106,755 00	+ 66,605 00	106,755 00	280,035 75	+173,280 75	280,035 75	451,247 45	+171,211 70
	Pays étrangers	181,788 00	302,933 30	+121,145 30	302,933 20	351,966 25	+ 49,033 05	351,966 25	334,880 00	− 17,086 25
Or brut en lingots ou en barres	France et colonies	"	144,785 00	+144,785 00	144,785 00	215,806 07	+ 71,021 07	215,806 07	341,219 50	+125,413 43
	Pays étrangers	"	40,521 00	+ 40,521 00	40,521 00	24,193 65	− 16,327 35	24,193 65	"	− 24,193 65
Poudre d'or	France et colonies	89,750 85	22,604 00	− 67,146 85	22,604 00	77,304 50	+ 54,700 50	77,304 50	723,030 80	+645,726 30
	Pays étrangers	22,456 00	5,702 00	− 16,754 00	5,702 00	21,217 94	+ 15,515 94	21,217 94	6,575 40	− 14,642 54
Vanille	France et colonies	39,925 00	42,076 00	+ 2,151 00	42,076 00	76,709 70	+ 34,633 70	76,709 70	88,096 37	+ 11,386 67
	Pays étrangers	19,168 00	129,889 00	+110,721 00	129,889 00	105,038 15	− 24,850 85	105,038 15	52,750 00	− 52,288 15
Girofle	France et colonies	"	18,012 00	+ 18,012 00	18,012 00	16,346 30	− 1,665 70	16,346 30	12,055 40	− 4,290 90
	Pays étrangers	"	30,135 00	+ 30,135 00	30,135 00	34 00	− 30,101 00	34 00	4,000 00	+ 3,966 00
Bois d'ébénisterie	France et colonies	17,851 00	15,210 00	− 2,641 00	15,210 00	38,978 10	+ 23,768 10	38,978 10	4,937 55	− 34,040 55
	Pays étrangers	40,261 00	19,109 00	− 21,152 00	19,109 00	75,211 92	+ 56,102 92	75,211 92	65,283 10	− 9,928 82

Voici quelques renseignements sur les principaux produits exportés :

1° **Caoutchouc.** — On rencontre à Madagascar plusieurs essences productrices de caoutchouc. Celles qui donnent les produits les plus estimés sur les marchés d'Europe sont les nombreuses lianes répandues dans les zones forestières et l'«Intisy», qui se trouve dans le sud de la grande Île.

Plusieurs colons se sont attachés à introduire dans la Colonie la culture rationnelle d'autres espèces, en particulier de celle qui produit le caoutchouc «Céara»; mais aucune des plantations ainsi créées n'est encore entrée dans la période de production.

Les principaux ports exportateurs de caoutchouc sont ceux de Tamatave, Majunga, Tuléar, Nossi-Bé et Fort-Dauphin.

La valeur des exportations a été :

1896	1,325,329f 53c
1897	1,101,200 00
1898	1,290,028 75
1899	2,213,149 14

Les caoutchoucs de Madagascar valent sur les marchés d'Europe, de 3 fr. 50 à 12 francs le kilogramme suivant qualité.

2° **Raphia.** — Le raphia est une fibre produite par un palmier du même nom et qui croît naturellement dans les zones côtières. Il donne lieu à un des commerces les plus importants de Madagascar. Dans la Colonie le raphia est employé pour la confection de tissus appelés «rabanes», qui sont utilisés comme vêtement par les Malgaches, surtout par ceux de la côte est, où ce produit est très répandu. En France, les viticulteurs l'emploient comme lien; il sert aussi à la confection de certains ouvrages de vannerie.

Les principaux ports de la grande Île qui exportent cette fibre sont ceux de Tamatave, de Vatomandry, de Majunga et de Mananjary.

Pendant les quatre dernières années les exportations se sont élevées aux valeurs suivantes :

1896	684,273f 00c
1897	593,344 00
1898	561,202 00
1899	1,522,077 00

Le raphia vaut, en moyenne, de 40 à 55 francs les 100 kilogrammes.

3° **Bœufs.** — Les bœufs sont exportés chaque année au nombre d'environ 12 à 15,000 à Maurice, la Réunion, Mozambique et Natal. Au début de l'occupation, on pensait que le bétail constituait la plus grande richesse de Madagascar et on évaluait son importance à près de 8 millions de têtes. Depuis on a été obligé de reconnaître que ces appréciations étaient beaucoup trop optimistes et que de trop grandes exportations pourraient entraîner peu à peu la ruine du troupeau. Aussi un droit de sortie de 15 francs par tête de bœuf a-t-il été établi.

D'après les derniers recensements, il ne faut pas évaluer à plus de 1,200,000 le nombre total des bœufs, taureaux, vaches et veaux de la Colonie.

Depuis quatre ans le prix des bœufs a plus que doublé; actuellement il varie, à Vohémar, entre 70 et 125 francs.

Le port qui exporte le plus de bœuf est celui de Vohémar; viennent ensuite Fort-Dauphin, Majunga et Tuléar.

La valeur des exportations a atteint :

1896	407,190f 00c
1897	547,335 00
1898	563,604 50
1899	842,712 00

4° **Cire.** — La cire animale se rencontre principalement dans les régions boisées de la grande Île, mais n'a jamais été l'objet d'une exploitation régulière et raisonnée. Le produit est recueilli d'une façon assez rudimentaire par les indigènes qui viennent le vendre aux commerçants de la côte. Cependant sa qualité est assez appréciée en Europe et on est en droit d'espérer que son commerce pourra prendre dans l'avenir une assez grande extension.

Le prix de la cire varie dans la Colonie entre 1 fr. 50 et 3 francs le kilogramme, suivant la qualité et la région. Son fret pour la France est 50 à 75 francs la tonne. Les principaux ports exportateurs sont ceux de Tamatave, Nossi-Bé, Vatomandry, Mananjary, Majunga et Vohémar.

La valeur des exportations a été :

1896	306,364f 00c
1897	502,881 60
1898	382,782 75
1899	525,569 46

5° **Peaux de bœuf.** — Les peaux de bœuf font l'objet d'un trafic de plus en plus important. Leur cours moyen est d'environ 75 francs les 100 kilogrammes. Si leur préparation était plus soignée, le prix de vente actuel serait de beaucoup dépassé. Les droits que les peaux ont à acquitter à la sortie de la Colonie sont de 30 francs par 100 peaux sans distinction de grandeur.

Les transactions les plus importantes se font dans les ports de Tamatave, Diégo-Suarez, Majunga, Nossi-Bé, Vatomandry et Mananjary.

Le fret pour la France varie entre 50 et 70 francs la tonne de 800 kilogrammes.

Les exportations se sont élevées, en valeur, aux sommes suivantes :

1896	304,675f 00c
1897	430,368 90
1898	639,025 50
1899	790,527 95

6° **Or.** — L'exploitation des gisements aurifères, malgré les difficultés souvent éprouvées dans le recrutement de la main-d'œuvre nécessaire aux entreprises de ce genre, acquiert chaque année une plus grande importance à Madagascar.

Les principales régions où on récolte de l'or sont celles du Boeni, de l'Imerina, du Betsileo et du Betsiriry. On peut évaluer la production totale de l'or pendant les trois dernières années à 79 kilogr. 115 en 1897, 125 kilogr. 378 en 1898 et 401 kilogr. 423 en 1899.

7° **Vanille.** — La vanille est surtout récoltée à Nossi-Bé, Vatomandry, Mahanoro, Tamatave et Sainte-Marie.

Les exportations ne sont pas encore très importantes; elles se sont élevées, en valeur, aux sommes suivantes :

1896	59,093f 00c
1897	171,965 00
1898	113,495 30
1899	140,846 37

La vanille de Madagascar est d'excellente qualité; elle vaut, en moyenne, 50 francs le kilogramme sur les marchés d'Europe.

8° **Légumes secs.** — Le commerce des légumes secs, notamment des pois du Cap et des haricots, se fait surtout sur la côte ouest, dans les régions de Tuléar, Morondava, Maintirano et Soalala. Les pays de destination sont la Réunion, Maurice, Mayotte et les Comores. Les produits les plus exportés sont les pois du Cap venant de Tuléar, où leur culture est susceptible de prendre une grande extension.

La valeur des exportations a été :

1896	124,197f 80c
1897	23,544 00
1898	127,629 00
1899	214,477 65

9° **Viande salée ou conservée.** — Il existe à Madagascar une seule fabrique de conserves de viande et salaisons exploitée par la «Compagnie coloniale française d'élevage et d'alimentation »; elle est installée à Antongo-bato, près de Diégo-Suarez.

Les exportations de viande salée ou conservée se sont élevées, en valeur, aux sommes suivantes :

1896	3,753f 00c
1897	49,851 00
1898	287,472 00
1899	159,274 50

10° **Écailles de tortue.** — L'écaille est fournie par les carapaces des grandes tortues que l'on rencontre sur la côte ouest de Madagascar et principalement dans le sud. Elle est employée dans l'industrie pour la confection de divers objets, tels que manches de couteaux, articles de toilette, etc. Ce commerce est surtout entre les mains des Indiens. L'écaille vaut en moyenne de 2,500 à 3,000 francs les 100 kilogrammes qui payent un droit de sortie de 300 francs.

Il en a été exporté :

1896	4,490f 00c
1897	35,024 00
1898	60,281 00
1889	70,562 05

SITUATION DES PRINCIPAUX PORTS AU POINT DE VUE DE L'IMPORTANCE DE LEUR COMMERCE.

Au point de vue de l'importance de leur trafic, les principaux ports de la Colonie se classent de la manière suivante : Tamatave, Majunga, Nossi-Bé, Diégo-Suarez, Mananjary, Vatomandry, Tuléar, Fort-Dauphin, Vohémar, Sainte-Marie.

Le tableau de la page 62 indique l'importance relative actuelle des principaux ports de la Colonie, ainsi que les fluctuations de chacun d'eux au cours des années 1897 et 1898, au point de vue des importations.

A part Tamatave, qui accuse pour 1899, une diminution d'un million dans le chiffre de ses importations, tous les ports de l'Île présentent une augmentation dans le mouvement commercial à l'entrée. La diminution constatée pour Tamatave n'est d'ailleurs que fictive, elle n'est, en effet, que le résultat d'un déplacement des points d'entrée. Le commerce de cette ville, qui avait, jusqu'à ces derniers temps, l'habitude de faire dédouaner à Tamatave les approvisionnements qu'il recevait pour les différents comptoirs qu'il possède sur la côte est, commence à faire diriger directement ces mar-

SITUATION ACTUELLE DES PRINCIPAUX PORTS ET MENTIONNANT POUR CHACUN D'EUX LE TOTAL DES IMPORTATIONS EN 1897, 1898 ET 1899.

PORTS.	ANNÉES.		DIFFÉRENCE EN 1898.	ANNÉES.		DIFFÉRENCE EN 1899.
	1897.	1898.		1898.	1899.	
	francs.	francs.	francs.	francs.	fr. c.	fr. c.
Tamatave	10,899,083	11,634,857	+ 735,774	11,634,857	10,592,683 04	— 1,042,173 96
Majunga	2,486,458	3,683,152	+ 1,196,694	3,683,152	6,386,580 00	+ 2,703,428 00
Nossi-Bé	1,019,616	1,535,339	+ 515,723	1,535,339	2,441,607 48	+ 906,268 48
Diégo-Suarez	1,767,931	1,465,674	— 302,257	1,465,674	2,820,557 64	+ 1,354,883 64
Mananjary	655,840	1,472,462	+ 816,622	1,472,462	2,242,563 00	+ 770,101 00
Vatomandry	828,982	1,200,158	+ 871,176	1,200,158	2,239,919 00	+ 1,039,761 00
Tuléar	180,994	251,026	+ 70,032	251,026	370,009 00	+ 118,983 00
Fort-Dauphin	173,179	201,942	+ 28,763	201,942	350,755 41	+ 148,813 41
Vohémar	47,653	93,087	+ 45,434	93,087	221,421 90	+ 128,334 90
Sainte-Marie	36,082	35,770	— 312	35,770	98,624 00	+ 62,854 00
TOTAUX	18,095,818	21,573,467	+ 3,477,649	21,573,467	27,764,720 47	+ 6,191,253 47

SITUATION ACTUELLE DES PRINCIPAUX PORTS.

TABLEAU MENTIONNANT POUR CHACUN D'EUX LE TOTAL DES EXPORTATIONS EFFECTUÉES EN 1897, 1898 ET 1899.

PORTS.	ANNÉES.		DIFFÉRENCE EN 1898.	ANNÉES.		DIFFÉRENCE EN 1899.
	1897.	1898.		1898.	1899.	
	francs.	francs.	fr. c.	francs.	fr. c.	fr. c.
Tamatave	954,322	764,625 00	—189,697 00	764,625 00	2,387,217 41	+ 1,622,592 41
Majunga	491,606	959,988 00	+468,382 00	959,988 00	1,239,631 55	+ 279,643 55
Nossi-Bé	692,093	571,034 00	—121,059 00	571,034 00	871,825 27	+ 300,791 27
Diégo-Suarez	246,291	564,857 00	+318,566 00	564,857 00	440,558 25	— 124,298 75
Mananjary	265,436	276,594 00	+ 11,158 00	276,594 00	344,973 60	+ 68,379 60
Vatomandry	346,533	377,995 00	+ 31,462 00	377,995 00	807,061 00	+ 429,066 00
Tuléar	486,872	431,579 67	— 55,292 33	431,579 67	764,926 00	+ 333,346 33
Fort-Dauphin	185,276	140,542 00	— 44,734 00	140,542 00	101,755 00	— 38,787 00
Vohémar	442,565	598,961 00	+156,396 00	598,961 00	861,232 00	+ 262,271 00
Sainte-Marie	34,432	23,625 00	— 10,807 00	23,625 00	26,569 00	+ 2,944 00
Totaux	4,145,426	4,709,800 67	+564,374 67	4,709,800 67	7,845,749 08	+ 3,135,948 41

chandises sur lesdits comptoirs ou sur des points qui en sont proches. Il en résulte pour lui une économie sur le fret, et cet avantage qu'en faisant dédouaner directement ses approvisionnements par ses agences, il a ainsi l'occasion d'employer ses fonds sur place, au lieu de les faire envoyer à Tamatave, d'où nouvelle économie. L'épidémie de peste qui a sévi pendant les troisième et quatrième trimestres 1899 a été également une cause de diminution des importations par Tamatave. Les mesures sanitaires ont forcément paralysé le trafic d'entrée.

Le tableau de la page 63 indique l'importance relative actuelle des *principaux ports* de la Colonie, ainsi que les fluctuations de chacun d'eux, au cours des années 1897 et 1898, au point de vue des exportations.

C'est par Tamatave, on le voit, qu'a lieu surtout le trafic à l'exportation. Grâce à sa position, ce port centralise, en effet, la majeure partie des opérations de la côte est. A part Diégo-Suarez et Fort-Dauphin, qui accusent une moins-value, les autres ports de la grande Île sont en voie de progrès, au point de vue de leurs exportations, notamment Tamatave et Vatomandry.

Ports ouverts au commerce. — Les ports ouverts à l'importation et à l'exportation directes sont les suivants : Diégo-Suarez, Vohémar, Sainte-Marie, Tamatave, Andévorante, Vatomandry, Mananjary, Farafangana, Fort-Dauphin, Tuléar, Morondava, Majunga, Analalava et Nossi-Bé

FONCTIONNEMENT DU SERVICE DES DOUANES.

Régime douanier.

Le service des douanes est spécialement chargé de la surveillance des côtes, de la vérification de la marchandise et de la perception des droits imposés tant à l'entrée qu'à la sortie et qui sont :

1° Des droits de douanes proprement dits perçus à l'importation;

2° Des droits de sortie;

3° Des droits de consommation perçus sur un certain nombre de produits limitativement énumérés, consommés dans la Colonie, qu'ils y aient été introduits ou fabriqués sur place. Dans ce dernier cas, c'est le service des contributions indirectes qui assure la perception du droit, en dehors des zones côtières.

1° **Droits de douanes proprement dits.** — Le régime douanier de la Colonie est celui qui résulte de la loi du 11 janvier 1892. Les produits français entrent en franchise; les produits étrangers payent, à l'entrée, les droits du tarif général, modifiés ainsi qu'il suit pour un certain nombre d'articles.

TABLEAU FIXANT LES EXCEPTIONS AU TARIF GÉNÉRAL DES DOUANES, EN CE QUI CONCERNE LES PRODUITS ÉTRANGERS IMPORTÉS À MADAGASCAR.

DÉNOMINATION DES PRODUITS.	UNITÉS SUR LESQUELLES portent les droits.	DROITS.
		fr. c.
II. — PRODUITS ET DÉPOUILLES D'ANIMAUX.		
Bétail destiné à la reproduction	//	Exempt.
Lait concentré pur	100 kilogr.	5 00
Lait additionné de sucre	*Idem.*	34 80
III. — PÊCHES.		
Poissons secs, salés ou fumés, autres que les morues, stokfish, harengs, maquereaux, sardines et anchois	*Idem.*	50 p. 100 des droits du tarif minimum.
VII. — FRUITS ET GRAINES.		
Graines à ensemencer	//	Exemptes.
VIII. — DENRÉES COLONIALES DE CONSOMMATION.		
Poivre	100 kilogr.	104 00
Piment	*Idem.*	104 00
Thé	*Idem.*	104 00
XV. — BOIS.		
Bois communs :		
Bois bruts, équarris ou sciés	//	Exempts.
Bois en éclisse	100 kilogr.	1 50
Merrains	*Idem.*	0 75
XVI. — MARBRES, PIERRES, TERRES, COMBUSTIBLES, MINÉRAUX, ETC.		
Soufre trituré	*Idem.*	2 25
Houille	//	Exempte.
Huiles de pétrole, de schiste et autres huiles minérales propres à l'éclairage :		
— brutes	100 kilogr.	3 00
— raffinées et essences	*Idem.*	3 00
Huiles lourdes et résidu de pétrole et d'autres huiles minérales	*Idem.*	3 00

DÉNOMINATION DES PRODUITS.	UNITÉS SUR LESQUELLES portent les droits.	DROITS.
		fr. c.
XXVI. — FILS POLIS, FICELLES, CORDAGE EN CHANVRE, LINS, JUTE, PHORMIUM.		
Sacs de jute neufs et vieux	//	Exempts.
Cordages ou fils retors à double torsion et câblés polis ou non, goudronnés ou non, ayant de diamètre plus de 10 millimètres :		
— écrus	100 kilogr.	20 00
— blanchis ou teints	Idem.	20 00
XXX. — TISSUS DE COTON ET COUTILS.		
Tissus de coton pur, unis, croisés et coutils :		
— écrus, pesant :		
13 kilogrammes et plus les 100 mètres carrés, présentant en chaîne et en trame (dans le compte des fils de chaîne et de trame, les fractions sont négligées) dans un carré de 5 millimètres de côté :		
— 35 fils et moins	Idem.	77 00
— 36 fils et plus	Idem.	118 00
11 kilogrammes inclusivement à 13 kilogrammes exclusivement :		
— 35 fils et moins	Idem.	87 00
— 36 fils et plus	Idem.	131 00
9 kilogrammes inclusivement à 11 kilogrammes exclusivement :		
— 35 fils et moins	Idem.	111 00
— 36 fils et plus	Idem.	172 00
7 kilogrammes inclusivement à 9 kilogrammes exclusivement :		
— 35 fils et moins	Idem.	131 00
— 36 fils et plus	Idem.	230 00
5 kilogrammes inclusivement à 7 kilogrammes exclusivement :		
— 35 fils et moins	Idem.	139 00
— 36 fils et plus	Idem.	300 00

DÉNOMINATION DES PRODUITS.	UNITÉS SUR LESQUELLES portent les droits.	DROITS.
		fr. c.
Tissus de coton pur, unis, croisés et coutils (*suite*) :		
— écrus (*suite*), pesant :		
3 kilogrammes inclusivement à 5 kilogrammes exclusivement :		
— 35 fils et moins	100 kilogr.	287 00
— 36 fils et plus	*Idem.*	550 00
Moins de 3 kilogrammes les 100 mètres carrés.	*Idem.*	620 00
— 405. Blanchis.		
Droit du tissu écru augmenté de la surtaxe de blanchiment inscrite au tarif minimum de la Métropole.		
— 406. Teints.		
Droit du tissu écru augmenté de la surtaxe de teinture inscrite au tarif minimum de la Métropole.		
— Imprimés.		
Droit du tissu écru augmenté de la surtaxe d'impression inscrite au tarif minimum de la Métropole.		
XLVII. — MEUBLES.		
Meubles en bois courbé :		
— vernis	*Idem.*	18 00
— non vernis	*Idem.*	12 00
Sièges sans sculptures, ni marqueteries, ni ornements de cuivre, ni dorures, ni laques, en bois commun	*Idem.*	9 00
Meubles autres que sièges massifs, en bois commun.	*Idem.*	5 00
XLVIII. — OUVRAGES EN BOIS.		
Futailles vides, cerclées en bois ou en fer	*Idem.*	2 00
Pièces de charpente :		
— bois dur	*Idem.*	2 50
— bois tendre	*Idem.*	2 00
Bois rabotés, rainés et (*ou*) bouvetés, planches, frises ou lames de parquet rabotées, rainées et (*ou*) bouvetées :		
— chêne ou bois dur	*Idem.*	5 00
— sapin ou bois tendre	*Idem.*	3 50

DÉNOMINATION DES PRODUITS.	UNITÉS SUR LESQUELLES portent les droits.	DROITS.
		fr. c.
Portes, fenêtres, lambris et pièces de menuiserie, assemblées ou non :		
— en bois dur	100 kilogr.	20 00
— en bois tendre	*Idem.*	12 50
XLIX. — INSTRUMENTS DE MUSIQUE.		
Accordéons	Pièce.	1 00
OUVRAGES EN MATIÈRES DIVERSES.		
Voitures de commerce et d'agriculture :		
— suspendues	100 kilogr.	12 00
— non suspendues	*Idem.*	6 00
Wagons de terrassement	*Idem.*	5 00
Allumettes	//	Exemptes.

2° **Droits de sortie.** — Les droits établis sur les produits du pays sortant de la Colonie résultent d'arrêtés locaux approuvés par le Département. Voici le tarif de ces droits :

TARIF DES DROITS DE SORTIE.

(Les produits non dénommés dans le présent tableau sont frappés, à la sortie, d'un droit de 10 p. 100 *ad valorem.*)

DÉSIGNATION DES PRODUITS.	UNITÉ.	QUOTITÉ.
		fr. c.
I. — ANIMAUX VIVANTS.		
Bœufs, vaches, taureaux, veaux	Tête.	15 00
Moutons et chèvres	*Idem.*	1 00
Porcs	*Idem.*	3 00
Dindes, oies, canards manille	Douzaine.	0 30
Canards	*Idem.*	0 10
Poules	*Idem.*	0 10
Pintades	*Idem.*	0 10
Oiseaux aquatiques	*Idem.*	0 10

DÉSIGNATION DES PRODUITS.	UNITÉ.	QUOTITÉ.
		fr. c.
II. — PRODUITS ET DÉPOUILLES D'ANIMAUX.		
Conserves de viandes	100 kilogr. B.	5 00
Peaux brutes fraîches ou sèches :		
— grandes	100 peaux.	30 00
— petites	*Idem.*	15 00
Viandes en saumure	100 kilogr.	5 00
Saindoux	*Idem.*	12 00
Graisse de bœuf	*Idem.*	6 00
Os	*Idem.*	0 50
Cire	*Idem.*	20 00
Écaille de tortue	*Idem.*	300 00
Poisson sec salé	*Idem.*	3 50
Trépang	*Idem.*	5 00
III. — MATIÈRES VÉGÉTALES.		
Maïs	*Idem.*	0 50
Riz en grains	*Idem.*	2 00
Riz en paille	*Idem.*	1 00
Gros pois du Cap	*Idem.*	1 50
Haricots	*Idem.*	1 50
Lentilles	*Idem.*	3 00
Manioc frais	*Idem.*	0 50
Manioc en poudre	//	Exempt.
Pommes de terre	100 kilogr.	3 00
Patates	*Idem.*	0 50
Jus de limon	Hectolitre.	5 00
Café	100 kilogr.	8 00
Cacao	*Idem.*	6 00
Girofle	*Idem.*	5 00
Vanille	*Idem.*	25 00
Tabac en feuilles	*Idem.*	5 00
Tabac en poudre	*Idem.*	7 00
Gomme copal	*Idem.*	12 00
Caoutchouc	*Idem.*	25 00
Gingembre	*Idem.*	5 00
Safran	*Idem.*	100 00

DÉSIGNATION DES PRODUITS.	UNITÉ.	QUOTITÉ.
		fr. c.
Bois :		
— d'ébénisterie	100 kilogr.	1 50
— de charpente	*Idem.*	1 20
— communs	*Idem.*	1 00
Rapha	*Idem.*	2 50
Orseille	*Idem.*	1 00
IV. — PRODUITS FABRIQUÉS.		
Rhum et alcools	//	Exempt.
Nattes fines	Pièce.	1 50
Nattes petites ordinaires	100 pièces.	2 50
Rabanes ordinaires	*Idem.*	3 00
Rabanes fines	*Idem.*	10 00
Sacs vides	1,000 sacs.	6 00
Chapeaux de paille	100 pièces.	2 50
Pots en terre	100 kilogr.	5 00
Sel	//	Exempt.

3° **Taxes de consommation.** — Les taxes de consommation sont perçues conformément au tarif suivant, sur les marchandises ci-après indiquées, de toutes origines et de toutes provenances, consommées dans la Colonie, qu'elles y aient été importées ou fabriquées sur place :

TARIF DES TAXES DE CONSOMMATION.

MARCHANDISES TAXÉES.	QUOTITÉ DE LA TAXE.	TAXE.
		fr. c.
Vins ordinaires titrant 14 degrés ou au-dessous :		
— en fûts	Hectolitre.	5 00
— en bouteilles	Bouteille.	0 05
Vins ordinaires titrant plus de 14 degrés et vins de liqueur :		
— en fûts	Hectolitre.	15 00
— en bouteilles	Bouteille.	0 15

MARCHANDISES TAXÉES.	QUOTITÉ DE LA TAXE.	TAXE.
		fr. c.
Vins de Champagne et vins mousseux...........	Bouteille.	0 50
	Demi-bout.	0 25
Cidres et poirés...........................	Bouteille.	0 10
Bières :		
— en fûts..............................	Hectolitre.	5 00
— en bouteilles..........................	Bouteille.	0 10
Liqueurs :		
— en fûts..............................	Hectolitre.	60 00
— en bouteilles..........................	Bouteille.	1 00
Rhums, eaux-de-vie, absinthe, autres boissons alcooliques et alcools de toute sorte, y compris les vins mouillés, les vins de raisins secs et tous autres vins non naturels.	Hectolitre d'alcool pur.	200 00
Sucre raffiné............................	Kilogr.	0 05
Opium..................................	*Idem.*	10 00
Poudres à feu............................	*Idem.*	1 00
Pétards et artifices........................	*Idem.*	1 00
Tabacs :		
— en feuilles ou en côtes..................	Kilogr. net.	1 50
— cigares et cigarettes....................	*Idem.*	7 50
— autres...............................	*Idem.*	3 00
Tissus de toute sorte......................	Valeur.	5 p. 100
Huiles de pétrole, schiste et autres huiles minérales propres à l'éclairage..................	Kilogr. net.	0 10
Allumettes..............................	*Idem.*	3 00
Cartes à jouer...........................	Jeu.	0 30
Conserves de légumes en boîtes..............	Kilogr.	0 10
Sel marin, sel de saline, sel gemme...........	*Idem.*	0 05
Huiles d'olive............................	*Idem.*	0 15
Autres huiles végétales.....................	*Idem.*	0 10

Taxes d'octroi de mer. — Le décret du 29 février 1899, qui a fixé le tarif actuel des taxes de consommation, a supprimé les taxes d'octroi de mer; celles-ci étaient autrefois perçues sur diverses marchandises à leur entrée dans la Colonie.

Rendement fiscal.

Le tableau ci-après indique quel a été le produit de chacun des impôts : droits de douanes à l'importation, droits de sortie et taxes de consommation pendant les trois dernières années.

NATURE DE L'IMPÔT.	1897.	1898.	1899.
	fr. c.	fr. c.	fr. c.
Droits de douane à l'importation	2,866,797 97	1,464,546 08	764,428 43
Droits de sortie		419,325 65	529,799 97
Droits de consommation à l'importation	12,243 01	1,663,494 19	2,366,623 93

La diminution constatée sur les droits de douane à l'importation résulte de l'établissement, en faveur de l'industrie métropolitaine, des tarifs protecteurs que nous avons cités plus haut.

Entrepôts. — Tamatave est le seul port qui possède un entrepôt réel. La taxe de magasinage est de 0 fr. 20 par jour et par mètre cube pour toutes les marchandises, proportionnellement au volume. Le bénéfice de l'entrepôt fictif est accordé dans la plus large mesure possible.

Le service des douanes ne s'occupe pas de questions d'assurances, manipulations, transports, etc.

Magasins généraux. — Des magasins généraux seront prochainement installés à Tamatave par les soins de la « Compagnie coloniale de Madagascar ». Deux industriels ont proposé de créer des établissements de ce genre, respectivement à Majunga et à Diégo-Suarez.

Le régime des magasins généraux dans la Colonie vient d'être réglementé par un récent décret.

MERCURIALES.

Nous croyons utile d'insérer ci-après huit tableaux donnant le prix moyen de certaines marchandises d'importation et de divers produits locaux à Tananarive, Tamatave, Majunga, Diégo-Suarez, Mananjary, Fianarantsoa, Fort-Dauphin et Tuléar.

MERCURIALE DU MARCHÉ DE TANANARIVE.

DÉNOMINATION DES PRODUITS.	UNITÉS.	DROITS.
		fr. c.
PRODUITS LOCAUX.		
Riz blanc	20 litres.	5 00 à 6 00
Riz rouge	*Idem.*	4 00
Riz en paille	*Idem.*	2 25
Sucre malgache	750 grammes.	1 25
Savon malgache	15 kilogr.	25 00
Serrure malgache	Pièce.	0 60 à 1 40
Lime malgache	*Idem.*	1 80 à 2 00
Marteau malgache	*Idem.*	0 50 à 0 70
Angady malgache (bêche)	*Idem.*	3 00 à 4 00
Clous malgaches	Cent.	1 50 à 2 00
Cadenas	Pièce.	0 20 à 0 30
Planche	*Idem.*	1 00 à 1 50
Bois carré	*Idem.*	2 00 à 3 00
Madrier	*Idem.*	1 00
Lit	*Idem.*	5 00 à 20 00
Table	*Idem.*	5 00 à 25 00
Chaise	*Idem.*	2 00 à 6 00
Armoire	*Idem.*	15 00 à 70 00
Poularde	*Idem.*	1 50 à 2 00
Poulet	*Idem.*	0 50 à 0 80
Canard	*Idem.*	1 00
Oie	*Idem.*	3 00
Œufs de cane	Douzaine.	0 80
Œufs de poule	*Idem.*	1 00
Pigeons	Paire.	1 00
Lapin	Pièce.	0 80 à 1 50
1 gros chou	*Idem.*	0 50
1 petit chou	*Idem.*	0 20
Pommes de terre	15 kilogr.	3 00
Ananas	Pièce.	0 10
Bananes	Main.	0 25
Citrons	Trois.	0 05

DÉNOMINATION DES PRODUITS.	UNITÉS.	DROITS.
		fr. c.
Mangues	Deux.	0 05
Marmite en argile	Pièce.	0 15
Pot en terre	*Idem.*	0 10 à 0 15
Charbon	Charge.	2 20 à 2 50
Malle en bois	Pièce.	5 00 à 7 50
Malle en fer-blanc	*Idem.*	7 50 à 10 00
Souliers malgaches	Paire.	3 00 à 10 00
Soies	500 fils.	5 00
Linceul de soie	Pièce.	50 00 à 100 00
PRODUITS D'IMPORTATION.		
Toile écrue	Pièce.	16 00 à 18 00
Toile blanche	*Idem.*	17 00 à 19 00
Flanelle	Mètre.	0 50 à 0 80
Indienne	*Idem.*	0 30 à 1 00
Vin rouge	Litre.	2 00
Vinaigre	*Idem.*	1 50
Huile	*Idem.*	3 75
Sucre	Kilogr.	2 00
Sel	25 kilogr.	16 20
Saindoux	Kilogr.	2 50
Farine	*Idem.*	1 60
Café	*Idem.*	3 50
Thé	Paquet.	1 00
Moët et Chandon	Bouteille.	10 00
Absinthe Pernod	*Idem.*	4 50
Amer Picon	*Idem.*	3 50
Vermout Noilly Prat	*Idem.*	3 25
Bière	*Idem.*	3 00
Pétrole	Bidon de 18 litres.	22 50
Marmite en fonte	Pièce.	5 00 à 12 00

MERCURIALE DU MARCHÉ DE TAMATAVE.

DÉNOMINATION DES PRODUITS.	UNITÉS.	DROITS.
		fr. c.
PRODUITS LOCAUX.		
Bœuf	Kilogr.	1 20
Filet de bœuf	*Idem.*	2 00
1 cervelle	Pièce.	1 00
1 langue	*Idem.*	1 00
Veau	Kilogr.	1 50
Mouton	*Idem.*	1 50
Porc	*Idem.*	1 20
Lapin	Pièce.	2 50 à 3 00
Coq	*Idem.*	2 50
Poule	*Idem.*	2 50 à 3 00
Poulet de grain	*Idem.*	1 25 à 1 75
Canard	*Idem.*	2 50 à 3 00
Sarcelle	*Idem.*	2 00
Oie	*Idem.*	5 00
Dinde	*Idem.*	10 00
Pigeon	Paire.	5 00
OEuf de poule	Pièce.	0 25
OEuf de cane	*Idem.*	0 15
Pommes de terre	Kilogr.	0 50
Oignons	*Idem.*	0 60
1 laitue	Pièce.	0 10
Chicorée	Deux.	0 15
Bananes	Trois.	0 05
Anana	Pièce.	0 15
Charbon de bois	Charge.	3 00 à 3 50
Bois à brûler	*Idem.*	1 50 à 1 80
1 gros chou	Pièce.	2 50
Radis	Cinq.	0 10
PRODUITS D'IMPORTATION.		
Lait concentré	Caisse.	32 50
Fromage de Gruyères	Kilogr.	3 75

DÉNOMINATION DES PRODUITS.	UNITÉS.	DROITS.
		fr. c.
Beurre	Kilogr.	3 50 à 5 00
Oignons	100 kilogr.	30 00
Sucre	*Idem.*	75 00
Café	*Idem.*	350 00
Huile d'olive Plagniol	Caisse.	17 50
Chaux	100 kilogr.	6 00
Ciment	200 kilogr.	22 50
Pétrole	Caisse.	16 25
Morues sèches	100 kilogr.	40 00
Fers bruts	*Idem.*	35 00
Barres cuivre rouge	Kilogr.	3 50
Acier en barre	*Idem.*	0 80
Sel marin	100 kilogr.	7 50
Sel de Diégo-Suarez	*Idem.*	5 50
Savon de Marseille	Caisse de 17 kilogr.	7 50
Bougies	Caisse de 12 kilogr.	16 50
Tissus de coton écru	Pièce.	14 00
Clous	Kilogr.	1 25
Vin rouge 14°	Barrique.	125 00
Bordeaux 11°	*Idem.*	125 00 à 150 00
Vins mousseux	Caisse.	30 00
Moët et Chandon	*Idem.*	75 00
Bière	Caisse de 48 bouteilles	40 00 à 42 50
Rhum de la Réunion	Litre.	1 35
Absinthe Pernod	Caisse.	40 00
Vermout Noilly Prat	*Idem.*	25 00
Amer Picon	*Idem.*	27 50

MERCURIALE DU MARCHÉ DE MAJUNGA.

DÉNOMINATION DES PRODUITS.	UNITÉS.	DROITS.
		fr. c.
PRODUITS LOCAUX.		
Bœufs vivants	Pièce.	50 00 à 100 00
Cornes de bœuf (petites)	Cent.	4 00
Cornes de bœuf (grandes)	*Idem.*	8 00
Cuirs de bœuf	100 kilogr.	85 00
Cire	Kilogr.	2 15
Caoutchouc (suivant qualité)	*Idem.*	4 50 à 5 50
Rapha	100 kilogr.	55 00
Ébène	Tonne.	//
Écaille de tortue	Pièce.	20 00 à 40 00
Porcs (sur pied)	Kilogr.	1 25
Chèvres	Pièce.	15 00
Oies	*Idem.*	4 00
Dindes	*Idem.*	6 00
Canards	*Idem.*	2 00
Poulets	*Idem.*	1 75
Pigeons	*Idem.*	1 00
Canard manille	*Idem.*	3 50
Riz paddy	//	9 00
Riz blanc	//	22 00
Maïs	//	//
Manioc	//	//
Cannes à sucre	Tige.	0 10
Pistaches	Kilogr.	//
Tabac en feuilles	*Idem.*	5 00
Bananes	Douzaine.	0 60
Citrouilles	Pièce.	0 75
Patates	Sobika.	//
Café	Kilogr.	3 25
OEufs	Pièce.	0 20
Citrons	Un.	0 10

DÉNOMINATION DES PRODUITS.	UNITÉS.	DROITS.
		fr. c.
PRODUITS D'IMPORTATION.		
Vin	Barrique.	130 00
Chartreuse	Caisse.	96 00
Pippermint	*Idem.*	54 00
Picon	*Idem.*	28 00
Anisette Brizard	*Idem.*	50 00
Bière	Caisse de 50 bouteilles.	42 00
Absinthe Pernod	Caisse de 12 bouteilles.	42 00
Vermout Noilly Prat	*Idem.*	25 00
Rhum de Maurice	Barrique.	//
Rhum de la Réunion	*Idem.*	250 00
Beurre	Demi-boîte.	2 10
Bougies	100 kilogr.	130 00
Bouchons	100	1 50
Chaussures pour hommes (suivant qualité)	//	16 00 à 23 00
Farine	100 kilogr.	52 00
Chocolat (suivant qualité)	Kilogr.	3 25 à 3 75
Ciment	100 kilogr.	11 00
Vinaigre	Caisse de 12 litres.	15 00
Sucre	Kilogr.	0 75
Fromage	*Idem.*	3 00
Moutarde	Pot.	0 75
Papier écolier	100 kilogr.	110 00
Huile d'olive (suivant qualité)	Caisse. de 12 litres.	22 00
Pétrole	Caisse.	15 00
Vinaigre	Caisse. de 12 litres.	15 00
Tabac d'Algérie (suivant qualité)	Kilogr.	4 60 à 5 00
Vêtements blancs	Pièce.	13 50
Vêtements cachous	*Idem.*	13 50
Tôle galvanisée (suivant grandeur)	*Idem.*	4 50 à 6 00

MERCURIALE DU MARCHÉ DE DIÉGO-SUAREZ.

DÉNOMINATION DES PRODUITS.	UNITÉS.	DROITS.
		fr. c.
PRODUITS LOCAUX.		
Riz blanc	100 kilogr.	30 00
Riz en paille	*Idem.*	18 00
Poulet moyen	Pièce.	1 50 à 2 00
Canard	*Idem.*	2 50
Oie	*Idem.*	5 00
Dinde	*Idem.*	10 00
Bœuf gras	*Idem.*	75 00 à 90 00
Vache	*Idem.*	20 00 à 35 00
Porc	Kilogr.	0 90
Viande de bœuf	*Idem.*	1 00
Cervelle	Pièce.	0 60
Langue	*Idem.*	0 60
Poissons frais	Kilogr.	1 00 à 1 50
Bananes	Régime.	2 50
Manioc	100 kilogr.	8 00
Maïs	*Idem.*	17 50
Caoutchouc	//	3 50 à 4 00
Planches et madriers	//	1 25
Suif	Kilogr.	0 50
Peaux de bœuf	Une.	7 00 à 10 00
Cire	Kilogr.	3 00
Café	*Idem.*	3 50
Haricots	100 kilogr.	50 00
PRODUITS D'IMPORTATION.		
Toile écrue, grande largeur	//	12 00 à 20 00
Toile blanche	//	17 00
Indienne	Mètre.	0 30 à 1 00
Patnas	*Idem.*	1 70
Satinette	*Idem.*	0 80 à 1 25
Parapluies	Douzaine.	30 00
Chapeaux paille	*Idem.*	30 00
Assiettes émaillées	*Idem.*	5 00 à 7 00

DÉNOMINATION DES PRODUITS.	UNITÉS.	DROITS.
		fr. c.
Riz de Saïgon	100 kilogr.	33 00
Farine	*Idem.*	50 00
Poivre	Kilogr.	4 00
Savon de Marseille	*Idem.*	0 55
Tabac de la Réunion	*Idem.*	7 50 à 10 00
Tabac Caporal	*Idem.*	4 00
Rhum de la Réunion	Litre.	1 50
Absinthe Pernod	Caisse.	40 00
Vermout Noilly-Prat	*Idem.*	25 00
Champagne Moët et Chandon	*Idem.*	80 00
Amer Picon	*Idem.*	30 00
Eau-de-vie anisée	*Idem.*	18 00
Bière	*Idem.*	11 00
Huile d'olive Plagniol	*Idem.*	35 00
Huile d'olive Artaud	*Idem.*	18 00
Saindoux	2 kilogr. 500 gr.	4 00
Beurre	Kilogr.	2 00
Sucre cristallisé	*Idem.*	0 60
Sucre en morceaux	*Idem.*	0 70
Bougies Fournier	Caisse de 12 kilogr. 500.	15 50
Pointes de Paris	Kilogr.	0 60

MERCURIALE DU MARCHÉ DE MANANJARY.

DÉNOMINATION DES PRODUITS.	UNITÉS.	DROITS.
		fr. c.
PRODUITS LOCAUX.		
Riz blanc	100 kilogr.	15 00
Riz en paille	*Idem.*	7 50 à 10 00
Dinde	Pièce.	5 00
Oie	*Idem.*	2 50
Canard	*Idem.*	1 50
Poulet	*Idem.*	0 50

DÉNOMINATION DES PRODUITS.	UNITÉS.	DROITS.
		fr. c.
Filet de bœuf	Kilogr.	0 80
Langue	*Idem.*	0 60
Cervelle	Pièce.	0 20
Porc	Kilogr.	1 00
Mouton	*Idem.*	1 00
Œufs	Douzaine.	1 20
Bananes	Main.	0 20
Haricots	Litre.	0 20
Manioc	Charge de 10 kilogr.	1 25
Pistaches	Litre.	0 20
Vanille	Kilogr.	65 00
Café	100 kilogr.	250 00
Cire	*Idem.*	200 00
Gomme copal	*Idem.*	120 00
Peaux de bœuf	*Idem.*	70 00
PRODUITS D'IMPORTATION.		
Saindoux	Boite de 2 kilogr. 500.	4 50
Beurre	Livre.	2 10
Fromage de Gruyères	Kilogr.	4 00
Farine de France	100 kilogr.	70 00
Farine de Bombay	*Idem.*	65 00
Pommes de terre	Kilogr.	0 50
Oignons	*Idem.*	2 00
Sucre raffiné	*Idem.*	1 00
Sucre cristallisé	*Idem.*	0 70
Huile d'olive	Bouteille.	1 80
Morue	Kilogr.	1 20
Sardines	Boite.	0 60 à 1 25
Sel	Tonne.	60 00
Savon	Caisse.	10 00 à 18 00
Thé	Paquet.	0 80
Biscuits	Boite.	2 50
Légumes conservés	*Idem.*	0 80
Tabac	Paquet.	0 25 à 0 70

DÉNOMINATION DES PRODUITS.	UNITÉS.	DROITS.
		fr. c.
Vins de Bordeaux	Barrique.	175 00 à 200 00
Vins de Provence	*Idem.*	125 00 à 150 00
Moët et Chandon	Caisse.	90 00
Vinaigre	Litre.	0 80
Bière	Caisse de 48 bouteilles.	50 00
Rhum	Litre.	1 60
Absinthe Pernod	Caisse.	42 50
Vermout	*Idem.*	30 00
Bougies	*Idem.*	16 50
Marmites	Gallon.	1 60
Machine à coudre	Pièce.	60 00 à 100 00
Clous galvanisés	Kilogr.	0 60
Tôle ondulée	Pied.	0 80
Chaise	Pièce.	10 00
Chapeau de paille	Douzaine.	36 00
Chapeau de feutre	*Idem.*	24 00
Allumettes	Grosse.	12 50
Parapluies et parasols	Douzaine.	25 00 à 30 00
Chaussures	Paire.	15 00 à 20 00
Couverture	Pièce.	5 00 à 20 00
Toile écrue	*Idem.*	12 00 à 14 00
Indienne	Mètre.	1 10
Toile rouge	Pièce.	20 00

MERCURIALE DU MARCHÉ DE FIANARANTSOA.

DÉNOMINATION DES PRODUITS.	UNITÉS.	DROITS.
		fr. c.
PRODUITS LOCAUX.		
Mesure de riz blanc	20 litres.	5 00
Mesure de riz paddy	*Idem.*	3 00
Œufs de poule	Douzaine.	0 60

DÉNOMINATION DES PRODUITS.	UNITÉS.	DROITS.
		fr. c.
Œufs de cane	Douzaine.	0 80
Poule	Pièce.	0 80
Poulet	*Idem.*	0 25
Dinde	*Idem.*	1 20
Dindon	*Idem.*	1 80
Oie	*Idem.*	1 80
Canard	*Idem.*	1 00
Écrevisse	*Idem.*	0 30
Oranges	100.	3 00
Bananes	Main.	0 20
Pommes de terre	Corbeille de 15 kilogr.	3 50
Choux	Pièce.	0 10
Angady (bêche malgache)	*Idem.*	2 50
Bois à brûler	Charge.	1 25
Anana	Pièce.	0 20
Bœuf	*Idem.*	150 00 à 300 00
Vache et son veau	Paire.	100 00
Porc engraissé	Pièce.	75 00
Porc ordinaire	*Idem.*	12 50
Mouton	*Idem.*	12 50
Brebis et agneau	Paire.	9 00
Cruche en terre	Pièce.	0 30
Marmite en terre	*Idem.*	0 20
Gargoulette en terre	*Idem.*	0 20
Assiette	*Idem.*	0 05
PRODUITS D'IMPORTATION.		
Sel	50 kilogr.	20 00
Sucre	Kilogr.	1 40
Assiette en fer émaillé	Pièce.	0 80
Cuiller en étain	*Idem.*	0 40
Toile écrue	*Idem.*	15 00 à 16 00
Toile blanche	*Idem.*	16 00 à 17 50

MERCURIALE DU MARCHÉ DE FORT-DAUPHIN.

DÉNOMINATION DES PRODUITS.	UNITÉS.	DROITS.
		fr. c.
PRODUITS LOCAUX.		
Oignons verts	Paquet.	0 20
OEufs	Pièce.	0 10
Bois à feu	Charge.	0 50
Patates	10 kilogr.	1 25
Manioc	*Idem.*	1 00
Bananes	Régime.	1 00
Pistaches	10 kilogr.	1 25
Riz blanc	100 kilogr.	30 00
Riz en paille	*Idem.*	20 00
Bœuf	Kilogr.	0 50
Porc	*Idem.*	1 40
Poisson	*Idem.*	0 20 à 0 80
Tortues de terre	Pièce.	1 50 à 5 00
Moutons	*Idem.*	5 00 à 10 00
Canards	*Idem.*	2 00 à 2 50
Oies	*Idem.*	3 00 à 5 00
Poulets	*Idem.*	0 40 à 0 80
Dindons	*Idem.*	3 00 à 5 00
PRODUITS D'IMPORTATION.		
Allumettes	Boîte.	0 10
Beurre	*Idem.*	//
Fromage (pâte grasse)	Kilogr.	2 50
Fromages divers	Boîte.	1 65
Saucisson	Kilogr.	5 00
Sardines à l'huile	Boîte.	0 60 à 0 80
Saindoux	Boite de 2k500	5 00
Morue	Kilogr.	1 60
Cacao d'Aiguebelle	Boîte.	5 00
Bière	Bouteille.	1 65
Limonade	*Idem.*	0 80
Champagne	*Idem.*	7 50 à 10 00

DÉNOMINATION DES PRODUITS.	UNITÉS.	DROITS.
		fr. c.
Pernod	Bouteille.	5 00
Vermout Noilly Prat	*Idem.*	2 50
Amer Picon	*Idem.*	3 50
Alcool de menthe Ricqlès	Flacon.	3 75
Vin rouge	Bouteille.	1 25
Vin blanc	*Idem.*	0 80
Vinaigre	*Idem.*	1 00
Rhum	*Idem.*	1 50 à 1 75
Savon	Kilogr.	1 25
Chapeaux de paille	Pièce.	2 50
Chapeaux de feutre	*Idem.*	3 50 à 7 50
Huile d'olive Artaud	Litre.	2 50
Pétrole	*Idem.*	1 00
Sucre	Kilogr.	1 00
Poivre	*Idem.*	5 00
Sel de cuisine	50 kilogr.	10 00
Plats émaillés	Pièce.	1 00 à 1 50
Assiettes émaillées	*Idem.*	0 60 à 0 80
Toile écrue	Pièce (36m 60)	14 50
Toile bleue Conjon	Petite pièce.	5 00
Toile blanche	Pièce.	15 00
Indienne (patna)	*Idem.*	2 50
Cognac	Litre.	3 25
Biscuits	Boîte.	3 00
Pommes de terre	Kilogr.	0 70
Ail	*Idem.*	2 00
Oignons gros	*Idem.*	1 00
Café de la Réunion	*Idem.*	5 00
Café du pays	*Idem.*	4 00
Haricots blancs	*Idem.*	0 80

MERCURIALE DU MARCHÉ DE TULÉAR.

DÉNOMINATION DES PRODUITS.	UNITÉS.	DROITS.
		fr. c.
PRODUITS LOCAUX.		
Riz blanc	100 kilogr.	20 00
Maïs	*Idem.*	12 00
Manioc	*Idem.*	5 00
Lait	Litre.	0 20
Œuf	Pièce.	0 05
Sel indigène	100 kilogr.	3 50
Poulet	Pièce.	0 80
Canard	*Idem.*	1 25
Bœuf gros	*Idem.*	75 00 à 100 00
Bœuf moyen	*Idem.*	50 00 à 75 00
Bœuf petit	*Idem.*	25 00 à 45 00
Vache	*Idem.*	25 00
Mouton	*Idem.*	5 00 à 10 00
Chèvre	*Idem.*	5 00
Porc	*Idem.*	25 00 à 35 00
Dinde	*Idem.*	2 50
Oie	*Idem.*	3 00
Pois du Cap	100 kilogr.	20 00
Orseille	*Idem.*	6 50
Tortue de terre	Pièce.	0 50
Tortue de mer	*Idem.*	15 00
Trépang vert	Dizaine.	4 00
Caoutchouc	Kilogr.	3 00 à 4 00
Cire	*Idem.*	2 50
Miel	*Idem.*	0 50
PRODUITS D'IMPORTATION.		
Assiettes en faïence	Douzaine.	5 00
Cuiller en fer	Pièce.	0 10
Couteau	*Idem.*	0 50
Carafe en verre	*Idem.*	1 00
Aiguilles	Demi-douzaine.	0 05
Tricot (matelot)	Pièce.	1 50
Lamba indienne	*Idem.*	2 50

DÉNOMINATION DES PRODUITS.	UNITÉS.	DROITS.
		fr. c.
Mouchoir blanc	Pièce.	0 20
Mouchoir de couleur	*Idem.*	0 20
Percale	Pièce de 7 mèt.	3 75
Toile écrue	Mètre.	0 50
Assiettes émaillées	Douzaine.	8 80
Marmite en fonte	Litre de contenance.	0 50
Rhum	Litre.	2 00
Cadenas	Pièce.	0 50
Hache	*Idem.*	4 00
Verre à pied	*Idem.*	0 50
Pelote de fil	*Idem.*	0 15
Vin rouge	Litre.	1 00
Vin blanc	*Idem.*	1 50

IMPÔTS COMMERCIAUX.

Les commerçants sont assujettis au droit de «patente»; ceux qui débitent au détail des boissons alcooliques sont en outre astreints à la «licence».

La contribution des *patentes* a été instituée à Madagascar, par un arrêté du Gouverneur général, en date du 3 novembre 1896, modifié par un texte de même nature du 31 décembre 1898.

Tout commerçant est assujetti à une patente pouvant varier de 5 francs à 1,000 francs, suivant l'importance des villes où il exerce son négoce et suivant la classe dans laquelle celui-ci doit être rangé.

On compte trois catégories de population et six classes différentes de patentables. Le taux de l'impôt est fixé conformément au tableau ci-après :

CATÉGORIE DE POPULATION.	1re CLASSE.	2e CLASSE.	3e CLASSE.	4e CLASSE.	5e CLASSE.	6e CLASSE.
	francs.	francs.	francs.	francs.	francs.	francs.
Ville de plus de 5,000 habitants	1,000	600	400	200	100	40
Ville de 1,000 à 5,000 habitants	1,000	400	200	100	50	10
Ville au-dessous de 1,000 habitants	1,000	200	100	20	10	5

Les maisons de banque et les commerçants d'or sont soumis à une patente exceptionnelle de 1,800 francs.

L'impôt de la *licence* a été institué à Madagascar et dépendances par un arrêté du Gouverneur général, en date du 25 décembre 1897, complété par les arrêtés du 12 mars 1898 et du 19 février 1899.

Son taux est fixé à la somme annuelle de 600 francs pour les villes de Tananarive, Tamatave, Hell-Ville, Antsirane, Majunga et Fianarantsoa, et à celle de 300 francs pour les autres localités. Cette taxe est payable par trimestre et d'avance.

Les débitants ne peuvent, sous aucun prétexte, faire gérer leur débit par des indigènes. En Imerina, ces derniers ne peuvent même pas exercer le commerce de débitant de boissons alcooliques pour leur propre compte.

Le tableau suivant indique quel a été le produit des impôts de la patente et de la licence pendant chacune des trois dernières années.

NATURE DE L'IMPÔT.	1897.	1898.	1899.
	fr. c.	fr. c.	fr. c.
Produits des patentes......	211,797 07	420,990 39	411,907 30
Produits des licences......			127,622 14
TOTAL......	211,797 07	420,990 39	539,529 44

Taxes de séjour. — Dans le but de protéger les commerçants européens contre l'envahissement des Asiatiques et des Africains, une taxe spéciale dite «de séjour» a été imposée à ces derniers étrangers par un arrêté du 3 novembre 1896, modifié par un texte de même nature en date du 26 juillet 1897 et du 25 janvier 1899.

Tout Asiatique ou Africain est astreint au payement d'un droit fixe de 25 francs. S'il est commerçant, il paye, en outre, un droit supplémentaire s'élevant à :

1,000 francs pour les patentables de 1re, 2e et 3e classes;

400 francs pour ceux de 4e et 5e classes;

200 francs pour ceux de 6e classe;

100 francs pour ceux de toute classe se bornant à acheter sur place des produits à d'autres commerçants ou industriels locaux, pour les revendre directement aux consommateurs.

MONNAIES.

Jusqu'à ces derniers temps, les échanges étaient effectués, dans un grand nombre de provinces, au moyen de pièces de cinq francs de l'Union latine ou mexicaines, entières ou coupées en morceaux. Cette monnaie coupée a été récemment retirée par les soins du Trésor et ne doit plus être employée. Les achats se font maintenant avec de la monnaie française. Les billets ne sont pas utilisés et la monnaie d'or est très rare.

Les échanges en nature sont à peu près limités à quelques régions du Sud et de l'Ouest où notre influence n'a pas encore bien pénétré.

BANQUES.

Les établissements de crédit font quelque peu défaut à Madagascar. Le «Comptoir national d'Escompte de Paris» possède dans la Colonie trois agences respectivement installées à Tananarive, Tamatave et Majunga.

POIDS ET MESURES.

L'usage du système métrique décimal a été déclaré obligatoire dans la Colonie par un arrêté du 4 mars 1897; il est généralement employé dans toutes les régions soumises à notre autorité.

CHAMBRES CONSULTATIVES DE COMMERCE ET D'AGRICULTURE.

Il n'y a pas dans l'Île de *Chambres de commerce*, mais M. le général Galliéni a institué dans les principales localités des *Chambres consultatives de commerce et d'agriculture* qui sont consultées aussi souvent que besoin sur les questions d'ordre économique qui intéressent la Colonie; elles peuvent, en outre, se réunir pour émettre des avis ou des desiderata qui sont transmis au chef de la Colonie.

PRINCIPALES MAISONS DE COMMERCE.

Voici la liste des principales maisons de commerce françaises et étrangères établies dans la Colonie :

Tananarive.

Compagnie lyonnaise (Français); Hallot, administrateur délégué.

Delacre (Français); Ollier, représentant.

Prince et d'Étiveaux (Français); Courtois, représentant.

Cavrel (Français).

Costaz et Bigot (Français).

Établissements Gratry (Français); Prémont, représentant.

Grands magasins du Louvre (Français); Berger, représentant.

Hoffman (Français).

Procter frères (Anglais).

O'Swald et Cie (Allemand); Schramm, représentant.

Dadabhoy et Cie (Anglais).

Max Wilson (Mauricien).

Paoutou (Français).

Compagnie du Transvaal (Français).

Jean Louis.

Giraud.

Larroque et Cie (Anglais).

Tamatave.

Compagnie marseillaise Besson et Cie (Français).

Société française de commerce et de navigation.

Bonnet (Français).

Ravier (Français).

Cavrel (Français).

Costaz et Bigot (Français).

Deloute (Français).

Payet (Français).

Bucquet frères (Français).

Delacre (Français).

Chantepie (Français).

Pagnoud (Français).

Toussaint (Français).

Lalouette (Français).

Dadabhoy et Cie (Anglais).

Gicquel (Anglais).

Laroque et Cie (Anglais).

O'Swald et Cie (Allemand).

Procter frères (Anglais).

Porter Aitken (Anglais).

Tronchet (Anglais).

Golaz (Suisse).

Arnold Cheney et Cie (Américain).

Majunga.

Sarraute (Français).

Rousseau frères (Français).

Compagnie marseillaise de Madagascar (Français).

Garnier (Français).

Mante et Borelli de Régis (Français).

Compagnie française [Jacquet et Cie] (Français).

Frager et Cie (Français).

Lavaux (Français).

Jeancler et Cie (Français).

Knott (Anglais).

O'Swald et Cie (Allemand).

Deutsch ost Africanische Gessellschaft (Allemand).

Frangopoulos (Grec).

Rodopoulos (Grec).

Ismael Ibrahim (Indien).

Kodja (Indien).

Jaffarjee Issadjee (Indien).

Nossi-Bé.

L. Frager (Français).

Rouvier et Fouquet (Français).

Deutsch ost Africanische Gessellschaft (Allemand).

O'Swald et Cie (Allemand).

Diégo-Suarez.

L. Frager (Français).

Moinard (Français).

Bonnemaison (Français).

Douyère (Français).

De la Nux (Français).

Teng Kong (Chinois).

Ibramdjee Alibay (Indien).

Charifou Jeewa (Indien).

Ismaël Amode et Cie (Indien).

Issadjee Akimdjee (Indien).

Vohémar.

Prosper Grolleau et Raoul (Français).

L. Frager (Français).

Grosset (Français).

Maroantsetra.

Delacre (Français).

Besson et Cie (Français).

Maigrot (Anglais).

Tronchet (Anglais).

Dupuy (Anglais).

Procter Brothers (Anglais).

Sainte-Marie.

Delacre (Français).
Simon (Français).
Victor Tsiahona (Malgache).

Fénérive.

Dupuy (Anglais).
Trouchet et Cie (Anglais).
Veckranges (Anglais).

Andévorante.

Bonnet (Français).
Payet (Français).
Daniel (Français).
Meuli (Français).
Lionnet (Anglais).
Dupuy (Anglais).
Dupont (Anglais).
Procter Brothers (Anglais).
Golaz (Suisse).
Maigrot (Anglais).
Dadabhoy (Anglais).
Chan-Lay (Chinois).
Chan-Toy (Chinois).
Chan-Weng (Chinois).

Vatomandry.

Delacre (Français).
Bucquet frères (Français).
Compagnie marseillaise de Madagascar (Français).
Compagnie lyonnaise de Madagascar (Français).
Dauvergne (Français).
Guenot (Français).
Laroque et Cie (Anglais).
Porter Aitken (Anglais).
Procter frères (Anglais).
Parr (Anglais).
Michel Félix (Anglais).

Mananjary.

Compagnie de commerce et de navigation (Français).
Delacre (Français).
Compagnie lyonnaise de Madagascar (Français).
Bonnet (Français).
Soost et Brandon (Allemand).
Procter Brothers (Anglais).
Trouchet et Cie (Anglais).
Lauratet (Français).
Venot (Français).

Farafangana.

Armel Auguste (Français).
Bellegarde (Français).
Bouquet (Français).
Chotard (Français).
Soot et Brandon (Allemand).
Desjardins (Anglais).
Waller (Anglais).
Grands bazars du Betsileo (Français).
Bégué (Anglais).
Armel Raoul (Français).

Fort-Dauphin.

Malaurent (Français).
Anselme (Français).
Marchal Auguste (Anglais).
Marchal Eugène (Anglais).
Soost et Brandon (Allemand).
Procter Brothers (Anglais).
Jenny Gaspar (Suisse).

Tuléar.

Sauzy et Pilidis (Français).
Lescure (Français).
Soost et Brandon (Allemand).
Mastar (Indien).
Rosiers et fils (Français).

DALLEAU (Français).
THIBAULT (Français).
MAMODE BAY NOURBAY (Indien).
IBRAMJEE MOUSSADJEE (Indien).
NOURBAY AKIMJEE (Indien).
DAOUDJEE ASSANALY (Indien).

Morondava.

BOURDON (Français).
SAMAT (Français).
BERTHIER (Français).
PARJAS (Français).
SANGER (Français).
VANNI (Français).
WEMER (Allemand).
PRAXIS (Turc).
FRANGOPOULOS (Grec).
PALAMIDIS (Grec).

Maintirano.

CHARLES (Français).
LAFOSSE (Français).
MAZIER (Français).
TABERT (Français).
DIAMANTIS TSETOS (Grec).

Fianarantsoa.

GRANDS BAZARS DU BETSILEO (Français).
BLANC ET LECOMTE (Français).
SOCIÉTÉ FRANÇAISE DE COMMERCE ET DE NAVIGATION (Français).
COMPTOIR DU BETSILEO (Français).
DELACRE (Français).
PROCTER BROTHERS (Anglais).
SOOST ET BRANDON (Allemand).
ARNOLD CHENAY ET Cie (Américain).
LAROQUE ET Cie (Anglais).
TROUCHET ET Cie (Anglais).
CATTIN (Français).

Ambositra.

COMPAGNIE LYONNAISE DE MADAGASCAR (Français).
DELACRE (Français).
BONNET (Français).
GRANDS BAZARS DU BETSILEO (Français).
TROUCHET ET Cie (Anglais).
PROCTER BROTHERS (Anglais).

INDUSTRIE.

INDUSTRIES INDIGÈNES.

Les Malgaches fabriquent des tissus de soie, de coton, de rapha (rabanes) et de chanvre, des dentelles, du sucre, du rhum, du sel, du saindoux, du savon, des chandelles, des objets de sparterie, des objets en corne et en os, de la poterie, des teintures, du cuir, des cigares. Ils savent aussi fabriquer le fer, le forger et le transformer en objets de serrurerie et de quincaillerie; ils travaillent également le bois et connaissent la charpente et l'ébénisterie; enfin ils construisent des pirogues et même des boutres. Sur la côte ouest et dans l'Imerina, à l'instigation des Arabes et des Indiens, ils ont appris à confectionner quelques bijoux en argent; à Tananarive, quelques-uns font maintenant de l'horlogerie, de la photographie, du dessin, etc.

Il est indéniable que les anciennes industries locales périclitent au fur et à mesure que s'affirment les progrès de la civilisation. Il n'y a, dans ce fait, rien qui puisse étonner : l'industrie du peuple civilisateur doit évidemment l'emporter sur celle des naturels. Chaque fois qu'un article de provenance européenne apparaît sur le marché, c'est évidemment au détriment de l'article similaire de fabrication locale. La décadence des anciennes industries malgaches ne saurait donc manquer de s'affirmer, sauf pour celles qui tendent à la création de produits spéciaux à la grande île. C'est ainsi, par exemple, que la fabrication des rabanes et des sacs conserve son importance; ce sont là, en effet, des articles qui non seulement n'ont pas de concurrents similaires importés, mais même font l'objet d'exportations, soit en France, soit à la Réunion et à Maurice.

Ces exceptions étant écartées, il ne faudrait pas croire que l'activité industrielle jadis déployée par la population locale ait diminué dans son ensemble, elle a simplement perdu son caractère national et s'est déplacée, pour se reporter sur d'autres matières, au profit des entreprises des colons. C'est ainsi que si le nombre des fabricants de tissus divers, de savons, de poteries, etc., s'est affaibli, par contre celui des ouvriers travaillant le fer ou le bois, des maçons, des cordonniers, des tailleurs, etc., s'est considérablement accru.

INDUSTRIES ENTREPRISES PAR LES EUROPÉENS.

L'activité industrielle des Européens ou assimilés s'est déjà manifestée à Madagascar sous de maints aspects. L'exploitation des mines et des forêts, la fabrication du rhum et du sucre, la fabrication des conserves de viandes, la fabrication du sel, les transports, l'industrie du bâtiment et ses dérivés ont surtout fait l'objet des préoccupations des colons. Nous allons indiquer dans quelles mesures ces préoccupations se sont manifestées jusqu'ici.

INDUSTRIE MINIÈRE.

En l'état actuel des connaissances sur le pays, on peut affirmer qu'il existe à Madagascar des gisements d'or, de fer, de cuivre, de plomb, de nickel et de manganèse. Il est probable que la Colonie renferme aussi des mines de cinabre et de zinc. On a également trouvé près de l'Ankaratra (plateau central) des charbons de terre de médiocre qualité, ainsi que de la houille dans le cercle d'Analalava.

Mais, sauf pour l'or, aucune étude sérieuse ne permet de se prononcer actuellement avec certitude sur la nature et l'importance des gisements découverts. Il est d'ailleurs vraisemblable que Madagascar ne pourra se prêter à la création d'importantes entreprises minières, portant sur l'exploitation des métaux autres que l'or, que lorsque des voies de communication permettront le transport des minerais à peu de frais. Dans cet ordre d'idées, trois concessions pour le fer avaient seules été attribuées au 1er janvier 1900; elles sont d'ailleurs exploitées à la mode malgache.

C'est donc l'or qui a presque exclusivement excité jusqu'ici les convoitises des prospecteurs. Ce métal précieux se rencontre un peu partout dans la grande Île, mais c'est surtout dans les cercles de Maevatanana, du Betsiriry et de Tsiafahy, ainsi que dans les provinces d'Ambositra et de Fianarantsoa que se sont plus particulièrement portés les exploitants.

Aucun filon susceptible de donner lieu à une exploitation rémunératrice n'a encore été découvert; seules, des alluvions aurifères ont été jusqu'ici travaillées et cela presque toujours à la façon des Malgaches, c'est-à-dire à la battée, sans l'emploi de moyens mécaniques perfectionnés. Les concessionnaires qui se servent de sluices sont extrêmement rares. La teneur des gisements exploités à ce jour est généralement faible; c'est surtout le nombre des travailleurs qui fait la fortune de l'exploitant. Cependant, dans la province d'Ambositra, les alluvions de l'Ampoasary, qui vient d'être ouvert à l'exploitation publique, seraient, paraît-il, d'une richesse remarquable.

Comment on obtient à Madagascar une concession minière. — 1° Mines d'or et de pierres précieuses. (Décret du 17 juillet 1896.) — Toute personne désireuse de se livrer à la recherche de l'or, des métaux précieux et des pierres précieuses en terrain non déclaré ouvert à l'exploitation publique, doit demander un permis de recherches, soit au Service des mines, soit à l'administrateur, chef de la province; le permis est délivré contre versement d'une somme de 25 francs; il est valable pour un an et indéfiniment renouvelable. Il donne le droit d'établir un signal de recherches. L'explorateur a le droit exclusif de faire des fouilles dans un cercle de 2 kilomètres et demi de rayon autour de chacun des signaux qu'il a établis.

Tout prospecteur qui a découvert un gisement en dehors d'un périmètre minier déclaré et qui désire l'exploiter doit adresser une déclaration au Service des mines. Le Service des mines procède à une enquête, à la suite de laquelle il décide s'il y a lieu, soit de déclarer ouverts un ou plusieurs périmètres miniers, soit de rattacher des gisements découverts à des périmètres miniers déjà déclarés.

Le Service des mines établit les dimensions et les prix des lots d'exploitation pour chaque périmètre. Les lots sont divisés en trois catégories pour chacune desquelles le prix de location par mois est déterminé par le Service des mines.

Les sociétés instituées pour l'exploitation des mines peuvent demander la transformation en concession de chacun des groupes de lots qu'elles détiennent, à la condition d'avoir obtenu, au préalable, l'approbation de leurs statuts par le Gouverneur général. Chaque concession ne peut avoir une surface inférieure à 50 hectares, ni supérieure à 2,000 hectares; la même société ne peut obtenir plus de 10 concessions dans l'étendue de la Colonie.

La transformation d'un ensemble de lots en concession confère :

1° Tous les avantages attachés à l'enregistrement des lots;

2° Le droit d'opter entre la taxe à la surface établie pour les lots et un système fiscal spécial composé d'une taxe annuelle de surface égale au dixième de la taxe mensuelle établie pour les lots, par hectare et par an, et d'un droit *ad valorem* de 5 p. 100 sur les matières extraites, jusqu'à concurrence d'une contribution totale égale à la moitié de la taxe pleine à la surface. Le droit fixe ne peut toutefois descendre au-dessous de 5 francs par hectare et par an.

La taxe de surface spéciale aux concessions est payable par an et d'avance, la taxe *ad valorem* est payable par année, trois mois au plus après l'expiration de l'année sur la production de laquelle elle porte.

Tout mineur peut faire enregistrer ses lots; la demande donne lieu à la perception d'un droit de 5 francs.

Un plan du lot est dressé aux frais du demandeur.

Le tableau ci-après donne la liste des périmètres ouverts à l'exploitation publique au 1er janvier 1900.

DÉSIGNATION DU PÉRIMÈTRE MINIER.	DATE D'OUVERTURE DU PÉRIMÈTRE.	SIÈGE DU COMMISSAIRE DES MINES.
Andromba, secteur de Maroandriana (district d'Arivonimamo).	22 juillet 1897....	Tananarive.
Antsevakely, province de l'Antsihanaka..	29 juillet 1897....	*Idem.*
Marovato, cercle d'Ambatondrazaka....	*Idem*...........	*Idem.*
Manananlanana, province du Betsileo...	10 septembre 1897.	Fianarantsoa.
Vato, province du Betsileo..........	14 décembre 1897.	*Idem.*

DÉSIGNATION DU PÉRIMÈTRE MINIER.	DATE D'OUVERTURE DU PÉRIMÈTRE.	SIÈGE DU COMMISSAIRE DES MINES.
Sakawo, province du Betsileo.........	3 janvier 1898....	Fianarantsoa.
Mamorona, province du Betsileo.......	23 février 1898...	*Idem.*
Ambolomborona, cercle d'Andriamena..	17 mars 1898....	Tananarive.
Katsaoka, district d'Arivonimamo......	21 avril 1898....	*Idem.*
Sahanofo, province du Betsileo........	25 avril 1898....	Fianarantsoa.
Ampotaka et Amporakely, cercle de Tsiafahy.	30 avril 1898....	Tananarive.
Antsahamamy et Ambatoharana, cercle d'Andriamena.	9 mai 1898......	*Idem.*
Kitsamby, district d'Arivonimamo (régularisation des nos 1 et 2).	31 mai 1898.....	*Idem.*
Ranomainty, province du Betsileo.....	*Idem*...........	Fianarantsoa.
Rafiatokana, région d'Akavandra......	*Idem*...........	Tananarive.
Androtra, cercle de Betafo...........	15 juin 1898.....	*Idem.*
Katsaoka, district d'Arivonimamo......	23 juillet 1898...	*Idem.*
Ambakoana, cercle de Tsiafahy........	30 juillet 1898...	*Idem.*
Andranotelo, cercle de Miarinarivo.....	1er août 1898....	*Idem.*
Mandrafafana, cercle de Moramanga...	17 août 1898....	*Idem.*
Sananoka........................	*Idem*...........	*Idem.*
Antaninandro, district d'Arivonimamo..	26 août 1898.....	*Idem.*
Mahafakanina, cercle de Miarinarivo...	1er septembre 1898.	*Idem.*
Katsaoka, district d'Arivonimamo......	2 septembre 1898.	*Idem.*
Ambavarano, région du Valalafotsy.....	8 septembre 1898.	*Idem.*
Antalevana, région de Mandridano.....	27 septembre 1898.	*Idem.*
Ampandrano, secteur autonome du Betsiriry.	15 octobre 1898..	*Idem.*
Kalariana, district d'Arivonimamo......	19 octobre 1898..	*Idem.*
Bezaka, cercle de Miarinarivo.........	2 novembre 1898.	*Idem.*
Kitsamby, cercle de Miarinarivo.......	*Idem*...........	*Idem.*
Andromba, province de Tananarive....	8 novembre 1898.	*Idem.*
Ankonabe, district d'Arivonimamo.....	13 décembre 1898.	*Idem.*
Andranofito et Ampamatoranondry, cercle de Tsiafahy.	*Idem*...........	*Idem.*
Analamasnia, cercle de Tsinjoarivo.....	*Idem*...........	*Idem.*
Sahanivotsy, cercle de Betafo.........	20 décembre 1898.	*Idem.*
Sakalaoa et Ranomena (affluent de la Mamorona), province du Betsileo.	5 janvier 1899....	Fianarantsoa.

DÉSIGNATION DU PÉRIMÈTRE MINIER.	DATE D'OUVERTURE DU PÉRIMÈTRE.	SIÈGE DU COMMISSAIRE DES MINES.
Mananoka, province du Betsileo.......	19 janvier 1899...	Fianarantsoa.
Voanana, province du Betsileo........	27 janvier 1899...	*Idem.*
Ambatomiranty, cercle de Tsiafahy.....	6 février 1899....	Tananarive.
Partie de l'Onive, cercle de Tsiafahy...	2 mars 1899.....	*Idem.*
Beranorano et Tsimivolovolo, cercle de Miarinarivo.	26 avril 1899....	*Idem.*
Betoko, district d'Anosibe...........	2 mai 1899......	*Idem.*
Vinanitelo (Sandranatambe), province de Betsileo.	20 mai 1899.....	Fianarantsoa.
Andranomahitso (affluent du Kitsamby), district d'Arivonimamo.	26 mai 1899.....	Tananarive.
Imady, province d'Ambositra.........	31 mai 1899.....	Fianarantsoa.
Tsinjavina, province d'Ambositra......	8 juin 1899......	*Idem.*
Bedonakely (affluent de Faraony), province du Betsileo.	12 juin 1899.....	*Idem.*
Sahanamalona et Ankomakomako, cercle de Tsiafahy.	22 juin 1899.....	Tananarive.
Ambatoharanana, région du Valalafotsy.	30 juin 1899.....	*Idem.*
Tanato, région est d'Ankaratra........	8 juillet 1899.....	*Idem.*
Une rivière sans nom (affluent d'Ambatolampy), cercle de Tsiafahy.	19 juillet 1899....	*Idem.*
Ambohitsimavobe (affluent de la Faraony), province du Betsileo.	21 septembre 1899.	Fianarantsoa.
Source de la rivière Ankomakomako, cercle de Tsiafahy.	6 octobre 1899...	*Idem.*
Sakatsio et Sahiratsy, région d'Iharana..	9 octobre 1899...	*Idem.*
Volobe, province d'Ambositra.........	13 octobre 1899..	*Idem.*
Sabanary, province d'Ambositra.......	17 octobre 1899..	*Idem.*
Ranomainty (affluent de la Fanindrona), province du Betsileo.	27 octobre 1899..	*Idem.*
Bekabitsy, région de Kamoro.........	16 novembre 1899.	Tananarive.
Betsioka, région de Tsaratanana.......	*Idem*............	*Idem.*
Antanimbarimasolahy et Ampidianombalahy, cercle de Tsiafahy.	*Idem*............	*Idem.*
Varivola, district d'Anosibe..........	20 novembre 1899.	*Idem.*
Vallée du ruisseau (affluent de l'Ambakarendry), district d'Arivonimamo.	28 novembre 1899.	*Idem.*
Andranomanjaka, district d'Anosibe....	27 décembre 1899.	*Idem.*

L'état suivant donne la liste des permis d'exploitation délivrés au 1er janvier 1900.

TITULAIRE.	DATE DE DÉLIVRANCE.	LIEU D'EXPLOITATION.
Rousseau	6 février 1899	Andranofito, cercle de Tsiafahy.
Idem	*Idem*	Amboanana, district d'Arivonimamo.
Idem	30 décembre 1899.	Ampanatotezana, cercle de Tsiafahy.
Branweck	5 juillet 1899	Amboanjobe, province du Betsileo.
Brusque	17 novembre 1899.	Ampanatalezana, cercle de Tsiafahy.
Couchoud	7 juin 1899	Haute-Mamorona, province du Betsileo.
Doërrer	20 novembre 1899.	Varivola, district d'Anosibe.
Florens (E.-H.)	11 octobre 1899	Ambatomiranty, cercle de Tsiafahy.
Idem	28 novembre 1899.	Ambohimanambola, district d'Arivonimamo.
Guinefolleau	17 novembre 1899.	Betsiska, région de Tsaratavana.
Hallot	2 juin 1899	Betoko, district d'Anosibe.
Idem	7 juin 1899	Behena, province d'Ambositra.
Idem	14 octobre 1899	Iharana, cercle de Tsiafahy.
Lagarde	6 octobre 1899	Ambohimavobe, région des Tanalas.
Lechaux (père)	1er juin 1899	Sahanofo, province de Mananjary.
Le Rouzic	22 octobre 1899	Volobe, province d'Ambositra.
Louveau	15 juillet 1899	Tanato, à l'est de l'Ankaratra.
Mallet	15 juin 1899	Tsarafidy, province du Betsileo.
Meurs	15 mars 1899	Antsofombato, cercle de Tsiafahy.
Idem	17 novembre 1899.	Bekabitsy, région de Kamoro.
Murchison	26 octobre 1899	Sahanary, province d'Ambositra.
Idem	29 décembre 1899.	Sakaleone, province d'Ambositra.
Panier	3 août 1899	Sahanamalona, cercle de Tsiafahy.
Idem	*Idem*	Antanisoa, cercle de Tsiafahy.
Paoletti	4 novembre 1899.	Ambodiharana, cercle de Tsiafahy.
Rolland	1er août 1898	Androtra, cercle de Betafo.
Salomon (E., père).	16 juin 1899	Tsinjavona, province d'Ambositra.
Salomon (E., fils)	31 juillet 1899	*Idem.*
Idem	31 décembre 1899.	*Idem.*
Séguin	16 juin 1899	Haute-Imady, province d'Ambositra.
Sescau	17 décembre 1898.	Ambolomborona, région de Mahajamba.

TITULAIRE.	DATE DE DÉLIVRANCE.	LIEU D'EXPLOITATION.
SESCAU..........	15 décembre 1898.	Antsahamamy, province d'Andriamena.
VOLLARD.........	27 octobre 1898..	Andranomainty, province du Betsileo.
COMPAGNIE LYONNAISE DE MADAGASCAR (M. Hallot, administrateur-délégué).	4 novembre 1899.	Sahiratsy, région est d'Ankaratra.
SOCIÉTÉ DES GISEMENTS AURIFÈRES D'ANASAHA (M. Boussand, administrateur-délégué).	29 juin 1899.....	Sarobaratra, cercle de Tsiafahy.
Idem............	19 juillet 1899...	Antsofombato, cercle de Tsiafahy.
Idem............	26 juillet 1899...	Antanisoa, cercle de Tsiafahy.
Idem............	12 août 1899.....	Ankomakomako, cercle de Tsiafahy.
SOCIÉTÉ DES GISEMENTS AURIFÈRES D'ANTALAHA.	11 août 1899.....	Sarobaratra, cercle de Tsiafahy.
Idem............	6 octobre 1899...	Tsimilefa, cercle de Tsiafahy.
Idem............	14 octobre 1899..	Ambatomiranty, cercle de Tsiafahy.
Idem............	24 octobre 1899..	Sarobaratra, cercle de Tsiafahy.
Idem............	*Idem*............	Ankomakomako, province de Tsiafahy.
SOCIÉTÉ FRANÇAISE DES MINES DE L'IMERINA (M. Dubief, administrateur-délégué).	1er février 1900...	Antsaly, région de Miandrivazo.
Idem............	*Idem*............	Ambohitrazo, cercle de Miarinarivo.

Le tableau de la page suivante donne la liste des concessions accordées au 1er janvier 1900.

DÉSIGNATION DE LA SOCIÉTÉ PROPRIÉTAIRE.	SIÈGE SOCIAL EN FRANCE.	DATE DE LA DÉLIVRANCE du titre ou de la dernière mutation.	DÉSIGNATION DE LA CONCESSION.
Compagnie française d'exploitation et de colonisation à Madagacar.	Rue Rouget-de-l'Isle, 5, à Paris.	11 septembre 1897.	Itaolana, province du Betsileo.
Compagnie lyonnaise de Madagascar......	Rue de l'Arbre-Sec, 26, à Lyon.	25 mars 1899....	Telezambato, province d'Ambositra.
Société agricole et immobilière de Madagascar.	Rue Puits-Gallot, 2, à Lyon.	15 juillet 1899...	Antanifotsy, district d'Arivonimamo.
Idem..............................	*Idem*..............	*Idem*............	Antsiriry, district d'Arivonimamo.
Idem..............................	*Idem*..............	5 décembre 1899..	Sakaivo, province du Betsileo.
Idem..............................	*Idem*..............	10 décembre 1899.	Sakatay, province du Betsileo.
Idem..............................	*Idem*..............	13 décembre 1899.	Anjorozoro, province du Betsileo.
Société française de recherches et d'exploitations de gisements miniers à Madagascar.	Rue de Clichy, 9, à Paris.	31 octobre 1898..	Kitsamby, région de Mandridrano.
Idem..............................	*Idem*..............	*Idem*............	Rafiatokana, région d'Ankavandra.
Société parisienne des mines à Madagascar.	Rue d'Aumale, 10, à Paris.	27 octobre 1899..	Tsimivolovolo, cercle de Miarinarivo.

A cette liste, il convient d'ajouter la «Société coloniale et des mines d'or de Suberbieville et de la côte ouest de Madagascar» qui, par un décret en date du 28 mars 1899, a obtenu l'autorisation d'exploiter gratuitement, pendant un certain nombre d'années, les mines d'or situées sur le territoire de sa vaste concession (Boeni).

La production aurifère à Madagascar est, à très peu de différence près, celle qu'indiquent les statistiques à l'exportation; la quantité d'or qui demeure dans la grande Île est, en effet, relativement insignifiante. Nous rappelons que les quantités d'or exportées ont été de 79 kilogr. 115 en 1897, de 125 kilogr. 378 en 1898 et de 401 kilogr. 423 en 1899.

Le commerce de l'or, des métaux précieux et des pierres précieuses à l'état brut, ne peut être fait que moyennant le payement d'un droit de patente hors classe de 1,800 francs par an.

2° **Mines autres que celles des métaux précieux et des pierres précieuses.** — Toute personne, toute société autre que le propriétaire du sol, qui veut se livrer à la recherche de ces mines, doit se munir d'un permis de recherches. Celui-ci est délivré par le Service des mines à Tananarive, ou les administrateurs, chefs de province, contre le payement d'une somme de 25 francs. Ce permis est valable pour une année, il donne le droit de faire des recherches en dehors du périmètre des concessions déjà accordées et des terrains de recherches déjà bornés; il peut être renouvelé si l'Administration le juge à propos.

Lorsque l'explorateur a choisi son terrain de recherches, il doit placer et maintenir aux angles de ce terrain, qui ne peut avoir plus de 2,500 hectares de superficie, et à chaque kilomètre, sur les alignements droits, des poteaux-bornes indiquant : 1° le nom du titulaire; 2° la date du permis; 3° la catégorie du minéral cherché, puis il informe l'administrateur, chef de la province, de l'accomplissement de cette formalité.

Si le prospecteur veut obtenir la concession de la mine par lui découverte, il en fait la demande au Service des mines, à Tananarive.

L'Administration procède à une enquête de trois mois au moins, après laquelle, s'il n'y a pas d'opposition, la concession est accordée au demandeur; son étendue ne peut dépasser 2,500 hectares.

Toute mine est soumise à une redevance annuelle fixe de :

1 franc par hectare jusqu'à 200 hectares;

2 francs par hectare jusqu'à 500 hectares;

3 francs par hectare en plus de 1,000 hectares;

4 francs par hectare en plus de 15,000 hectares;

5 francs par hectare en plus de 25,000 hectares.

Cette redevance n'est exigible qu'après l'expiration de la deuxième année de la concession. De plus, les produits extraits payent une redevance proportionnelle de 2 1/2 p. 100 de leur valeur marchande sur le carreau de la mine, calculée d'après l'extraction du trimestre précédent.

Toute mine retirée par suite de non-payement ou abandonnée est mise en adjudication dans un délai de six mois.

Nous avons déjà vu qu'au 31 décembre 1899, trois concessions pour des mines autres que des mines d'or avaient été accordées. Toutes les trois portent sur des mines de fer; leur production, en 1899, n'a pas dépassé 20,000 kilogrammes de ce produit.

Fonctionnement du Service des mines. — Le fonctionnement du Service des mines est assuré par un chef de service, placé à Tananarive, près du Gouverneur général, et trois contrôleurs résidant respectivement à Ambositra, Tsiroanomandidry et Tsinjoarivo.

Sources thermales. — Il existe à Madagascar de nombreuses sources thermales; quelques-unes se rapprochent, par leur composition, de celles du bassin de Vichy, etc. La concession de l'exploitation de trois d'entre ces sources, sises, l'une à Antsirabe (cercle de Betafo), l'autre à Ramainandro (district d'Arivonimamo), enfin la troisième à Mahatsinjo (cercle de Miarinarivo) a été accordée respectivement à M. Depret, à M. Dandrieu et à M. Doërrer.

INDUSTRIE FORESTIÈRE.

Il y a environ 12 millions d'hectares de forêts à Madagascar. La principale zone forestière est celle qui couvre en partie l'arête montagneuse courant du nord au sud de la grande Île; on rencontre également de jolis bois dans les zones côtières, mais les forêts qui avoisinent la mer sont très appauvries.

Les forêts de la Colonie, surtout celles de la région nord, sont riches en matériel ligneux; les essences qu'elles renferment varient suivant les régions.

Dans la zone côtière, on rencontre l'ébène, le bois de rose, le palissandre, une variété d'acajou, le copalier, le hintsina ou hazelia bijuga, le badamier, le nato, le filao, etc.; puis des arbres à caoutchouc, comme le barabanja, ou des lianes du genre vahéa, landolphia et hancornia, enfin des pandanues, des palmiers, des baobabs, etc.

Dans les régions de moyenne altitude, on trouve le lalona, l'hazomena, le palissandre, le nato. le rotra et une foule d'autres essences d'ébénisterie et de construction, le précieux caoutchoutifère l'intisy, etc.

Enfin, dans les régions élevées, les bois d'ébénisterie ne sont plus guère représentés que par des palissandres; on ne rencontre plus d'ébéniers, d'acajou, ni de bois de rose; presque impénétrables, elles renferment, comme bois utilisables, le lalona, l'azomainty, l'hazovola, l'ambora, le famelona, l'hazondrano, le mokarano, etc.

Presque toutes les essences forestières de Madagascar sont à bois durs, les bois tendres sont rares.

Les forêts qui se prêtent le plus facilement à une exploitation rationnelle, sont celles du littoral, notamment celles de la baie d'Antongil qui descendent jusque sur les bords de la mer et sont particulièrement riches.

Comment on obtient une concession forestière à Madagascar (Décret du 10 février 1900). — Le droit d'exploitation des produits forestiers, peut être concédé à toute personne solvable qui en fait la demande. Il peut également être concédé à toute société constituée dans ce but, sous la condition que les statuts de cette société soient approuvés par le Gouverneur général. La durée des contrats est invariablement fixée à cinq ans pour les superficies inférieures ou égales à 5,000 hectares; elle est calculée à raison de un an pour 1,000 hectares, pour les superficies supérieures à 5,000 hectares, sans pouvoir toutefois excéder vingt années.

Les contrats peuvent être renouvelés.

Le droit d'exploitation est subordonné au dépôt préalable d'un cautionnement en numéraire, ou à la présentation d'une caution et d'un certificateur de caution reconnus solvables, et qui deviennent solidairement responsables de toutes les charges incombant au concessionnaire. Le cautionnement en numéraire est fixé proportionnellement au nombre d'hectares, en prenant pour base le double de la redevance territoriale annuelle.

Toute personne ou société qui désire obtenir la concession d'un droit d'exploitation d'une forêt ou portion de forêt, en adresse la demande au chef de la province. Ce dernier fait procéder, par un agent du service technique ou par un autre fonctionnaire, à la reconnaissance de la forêt demandée, reconnaissance qui a lieu en présence du demandeur, ou de son délégué dûment convoqué et dont il est dressé procès-verbal.

Après examen de ce document, le chef de la province, s'il s'agit d'une concession inférieure ou égale à 1,000 hectares, délivre au demandeur le permis d'exploiter contre présentation du récépissé de versement de la redevance territoriale, ainsi que du cautionnement ou, à défaut, l'engagement des cautions présentées.

Au delà de 1,000 hectares de superficie, le titre de concession est délivré par le Gouverneur général et, pour les étendues supérieures à 10,000 hectares, par le Ministre des Colonies. Le concessionnaire est tenu de procéder aux premiers travaux d'aménagement de sa concession, d'en commencer l'exploitation dans des délais variables avec son étendue, mais qui ne peuvent être inférieurs à six mois pour les premiers travaux et un an pour la mise en exploitation régulière.

Le droit d'exploitation concédé à un particulier ou à une société est personnel, il ne peut être cédé que sur une décision de l'autorité qui a concédé la concession.

Toute cession irrégulière de ce droit entraîne le retrait sans indemnité.

Le mode d'exploitation des bois, gommes, résines, etc., est réglé par l'acte de concession.

Dans le délai de 18 mois, à dater de la délivrance du permis d'exploiter, le concessionnaire doit faire procéder, à ses frais, par un géomètre assermenté, à l'établissement d'un croquis périmétral et au bornage de la forêt à lui concédée.

Le concessionnaire est tenu d'avancer les frais occasionnés par ces opérations. Ces frais sont relativement minimes; les limites des concessions doivent, en effet, être déterminées par des lignes naturelles, telles que crêtes de montagne, rivières, ravins, etc. En cas d'impossibilité absolue, la position des limites fictives est déterminée par rapport à l'emplacement de repères connus et bien déterminés.

En retour du droit d'exploitation à lui concédé, le concessionnaire doit payer une redevance exigible chaque année et d'avance et qui est fixée à 0 fr. 10 par hectare, pour les concessions d'une superficie égale, ou inférieure. à 20,000 hectares.

Pour les concessions d'une étendue supérieure à 20,000 hectares, le taux de la redevance annuelle à l'hectare est augmenté de 0 fr. 05 par chaque lot ou fraction de lot de 20.000 hectares contenu dans la concession.

Le concessionnaire est en outre tenu de fournir, chaque année, vingt journées d'ouvriers terrassiers par 500 hectares de forêt concédés ou fraction de 500 hectares. Ces ouvriers sont employés par le Service forestier à des travaux de plantations ou autres touchant à l'amélioration des forêts de la province où se trouve l'exploitation.

L'administration peut également concéder soit de gré à gré, soit aux enchères publiques, le droit de récolte d'un produit forestier bien défini à l'exclusion de tous les autres. C'est ainsi qu'est adjugé le monopole de la récolte des cocons de vers à soie (Landy-Be) dans les forêts de tapia.

Le tableau suivant mentionne le nombre et l'étendue des concessions forestières accordées au cours des trois dernières années dans les diverses régions de l'Île :

CIRCONSCRIPTIONS ADMINISTRATIVES.	1897.		1898.		1899.	
	NOMBRE.	SUPERFICIE.	NOMBRE.	SUPERFICIE.	NOMBRE.	SUPERFICIE.
		hectares.		hectares.		hectares.
Province de Tamatave	//	//	//	//	3	2,085
Province de Fénérive	//	//	//	//	3	750
Province de Maroantsetra	//	//	//	//	2	30,000
Province de Vohémar	//	//	1	5,000	//	//
Province de Majunga	//	//	1	872	//	//
District d'Andévorante	//	//	1	1,000	//	//
Cercle de Tsiafahy	1	9,000	1	778	2	3,610
Cercle de Moramanga	1	700	//	//	//	//
Cercle d'Anjozorobe	//	//	1	1,700	//	//
TOTAUX	2	9,700	5	9,350	10	36,445

Soit un total de 17 exploitations portant une superficie de 55,495 hectares 32 ares.

En outre, une dizaine de colons sont actuellement en voie d'obtenir des concessions forestières de diverses étendues sur la côte est, entre Andévorante et Vohémar ou dans la zone intermédiaire, entre cette côte et le plateau central. Des permis d'exploiter leur seront prochainement délivrés dans les conditions de la nouvelle législation en vigueur. Il convient également de noter que de vastes concessions mesurant 100,000 hectares environ ont été accordées, en principe, dans le nord-ouest de l'Île, pour l'exploitation du caoutchouc à MM. Meurs, Boussand et Grosclaude, mais aucune mesure définitive n'est encore venue consacrer ces attributions. Enfin, les quatorze grandes concessions territoriales demandées dans le nord-ouest de l'Île par diverses personnes ou sociétés comprennent de vastes étendues boisées.

Parmi les exploitations forestières de la Colonie, celle de M. le chef d'escadron de cavalerie, de Lacroix-Laval, à Amboasary (cercle d'Anjozorobe, 1,700 hectares), est de beaucoup la plus importante. Le personnel qui assure son fonctionnement se compose de 10 Européens et de 125 indigènes; elle comprend essentiellement une scierie mécanique, composée de deux machines à vapeur, du système Delaunay-Belleville, de la force de 8 chevaux chacune et se chauffant au bois, qui actionnent une grande et une petite scies circulaires de 1 m. 20 et 0 m. 60 de diamètre. Des ateliers de menuiserie, d'ébénisterie, de carrosserie, sont annexés à l'entreprise et fonctionnent dans de bonnes conditions.

MM. A. Lacoste et fils, de Bordeaux, ont également créé, près de Majunga, une exploitation forestière qui concourt à l'alimentation de cette ville en matériel ligneux.

A part ces deux entreprises, toutes les autres exploitations forestières ne reposent que sur l'emploi de la scie de long. Prochainement, deux scieries mécaniques seront installées, dans la province de Fénérive, par deux industriels qui viennent d'obtenir dans cette région des concessions forestières.

Le tableau suivant indique la valeur approximative des bois exportés pendant les quatre dernières années.

	1896.	1897.	1898.	1899.
	francs.	francs.	francs.	francs.
Bois divers.............	76,262	78,144	130,460	71,466

Fonctionnement du Service des forêts. — Les Service des forêts est assuré par un chef de service placé à Tananarive, près du Gouverneur général, un garde général résidant à Majunga et cinq brigadiers ou gardes forestiers répartis sur divers points de la Colonie; le nombre de ces derniers sera prochainement doublé ou même triplé. Les attributions des agents forestiers sont limitées, en principe, à l'étude des questions d'ordre technique et au reboisement des forêts en voie de dépérissement. La garde, la conservation et la surveillance des bois sont surtout assurées par les Administrateurs, avec l'aide du personnel européen et indigène dont ils disposent.

AUTRES INDUSTRIES.

Sucreries et rhumeries. — En 1899, les usines de Nossi-Bé ont produit 400,000 kilogrammes de sucre et 51,000 litres de rhum; celles de Tamatave ont donné 50,000 kilogrammes de sucre et 23,550 litres de rhum; les distilleries de Vatomandry ont produit 18,000 litres de rhum.

La fabrication du sucre et celle du rhum pourraient prendre une grande extension à Madagascar, où la canne à sucre pousse avec la plus grande facilité; malheureusement, la rareté de la main-d'œuvre limite forcément l'activité des colons dans ce sens.

Fabrication des conserves de viande. — Une usine pour la fabrication des conserves de viande est installée à Antongobato, près Diégo-Suarez. La création d'établissements analogues sur d'autres points de la Colonie est projetée par plusieurs industriels.

Fabrication du sel. — La Colonie possède de nombreuses salines où l'on récolte du sel marin; on trouve aussi des gisements de sel gemme dans le cercle de Tuléar. Deux sociétés sont installées à Diégo-Suarez, en vue de l'exploitation de salines naturelles, dont elles ont obtenu la concession; ailleurs les salines sont exploitées par les Malgaches. Le sel consommé dans la Colonie est astreint à une taxe de consommation de 0 fr. 50 par kilogramme.

Industrie des transports à l'intérieur. — Des entreprises de transport par bourjanes entre Tamatave et Tananarive fonctionnent dans de bonnes conditions. La Compagnie coloniale et des mines d'or de Suberbieville et de la côte ouest de Madagascar assure les transports du personnel et du matériel des services publics entre Majunga et Mawatanana; la Compagnie des Messageries françaises est chargée d'un service analogue sur le canal des Pangalanes, entre Tamatave et Mahatsara.

On sait qu'un chemin de fer sera construit par la Colonie, dans un avenir rapproché, entre Aniverano et Tananarive, reliant ainsi la capitale à la côte est. La «Compagnie coloniale et des mines d'or de Suberbieville et de la côte ouest de Madagascar» a également demandé la concession de la construction et de l'exploitation d'un chemin de fer, à voie étroite, à poser sur la route de Maevetanana à Tananarive.

Dans les principaux ports de l'Île, des compagnies de batelage assurent le débarquement des marchandises, qui sont généralement amenées jusque devant les magasins des commerçants au moyen de petits tramways du système Decauville.

Industrie du bâtiment et ses dérivés. — Avec les progrès de l'occupation française, l'industrie du bâtiment s'est considérablement développée à Madagascar. Des architectes et des entrepreneurs, secondés par des contremaîtres et ouvriers européens, sont installés dans les principales villes de la

Colonie. Le nombre et l'importance des fabriques de briques et de tuiles est insuffisant; des fabriques de chaux et de ciment pourraient être également avantageusement créées dans plusieurs centres importants de la Colonie.

Industrie savonnière. — Une fabrique pour la fabrication du savon dit *de Marseille* a été créée récemment à Nossi-Bé et fonctionne dans d'excellentes conditions.

Constructions navales. — Dans plusieurs ports de la côte est et surtout de la côte ouest, se trouvent des chantiers où l'on construit des pirogues, des chalands, des boutres et même des goélettes. Dans le seul cercle de Maintirano, 12 boutres ou goélettes, jaugeant ensemble 139 tonneaux, ont été lancés en 1899.

Sériciculture. — La sériciculture fera peut-être plus tard la richesse de l'Imerina et du Betsileo. Le ver à soie vit avec une merveilleuse facilité dans ces contrées et peut être l'objet annuellement de cinq à six éducations contre une en France pendant le même laps de temps. Le mûrier croit également très bien sur le plateau central. L'administration s'efforce d'obtenir par sélections successives l'amélioration du ver à soie du pays, qui donnera bientôt, il faut l'espérer, des produits d'une valeur marchande égale à celle des cocons de France. Les plantations de mûriers sont également multipliées dans de larges proportions.

Les indigènes ne se sont pas encore sérieusement occupés de l'élevage du ver à soie. La soie dite *Betsileo* provient d'un ver appelé «Landy Be» qui vit à l'état sauvage dans les forêts de Tapia et dont le cocon n'est pas facilement dévidable.

A Tananarive, quelques Européens désirent entreprendre l'élevage du ver à soie; l'un d'eux vient de faire construire une magnanerie.

Enfin des *fabriques de glace* et d'*eaux gazeuses* ont été créées dans la plupart des villes de la Colonie.

Énumération de quelques industries à entreprendre ou à développer. — En dehors de l'élevage du ver à soie et du dévidage des cocons (le tissage de la soie devant être effectué en France), on peut préconiser la création ou l'extension des industries ci-après :

Fabriques de tuiles, de briques, de chaux, de ciment; fabrique de tabacs, cigares et cigarettes; fabrique de savon; fabrique de saindoux; installation de décortiqueuses à riz; atelier de tannerie permettant d'éviter la perte résultant de l'exportation des peaux fraîches; installation de pêcheries; fabrique de bières, etc.

Dans un avenir prochain, des ateliers de charronnage, de carrosserie, de bourrellerie, seront indispensables.

Une fabrique de pâte à papier pourrait peut-être s'installer avec succès dans les zones forestières du littoral.

Un industriel doit assurer, dans un délai de deux années, l'éclairage de

Tananarive à l'électricité et le service de l'eau à domicile. Des entreprises semblables pourront, dans quelque temps, être fructueusement créées dans d'autres localités de la Colonie.

RÉGIME DE L'ALCOOL.

La fabrication, la circulation et la vente des boissons alcooliques ne sont pas libres à Madagascar.

La fabrication est subordonnée à une autorisation de l'autorité locale, qui doit exercer un contrôle sévère sur les opérations de distillation. La circulation des boissons alcooliques n'est tolérée que si celles-ci sont accompagnées de *laissez-passer*. Enfin, la vente au détail n'est permise qu'aux personnes dûment autorisées et pourvues d'une licence, dont le prix est de 300 ou 600 francs, suivant l'importance des localités.

Nous savons déjà que l'alcool consommé dans la Colonie, qu'il y ait été introduit ou fabriqué, est soumis à une taxe de consommation de 200 francs par hectolitre.

AGRICULTURE.

CULTURES ENTREPRISES PAR LES INDIGÈNES.

Les Malgaches cultivent le riz, le manioc, la patate, la pomme de terre, le maïs, la canne à sucre, le haricot, le pois du Cap, le saonjo, l'arachide, les plantes maraîchères, etc.

Le *riz* est la base de l'alimentation des Malgaches. Sa culture est pratiquée dans l'Île entière, sauf dans l'extrême Sud; elle doit couvrir une superficie de 300,000 hectares, donnant approximativement 250,000 tonnes de riz, valant en moyenne 20 francs les 100 kilogrammes.

Le *manioc* pousse avec une remarquable facilité; il sert à la nourriture des habitants et des animaux. Sa culture porte vraisemblablement sur 250,000 hectares, donnant 100,000 tonnes de racines consommables. Le manioc vaut, en moyenne, 7 fr. 50 les 100 kilogrammes.

La *patate* est un aliment recherché par les indigènes. On doit la cultiver sur 20,000 hectares qui produisent 120,000 tonnes de tubercules valant, en moyenne, 7 fr. 50 les 100 kilogrammes.

La *pomme de terre* est d'importation récente; sa culture s'est surtout développée sur le plateau central, dans la région de l'Aukaratra, où elle vaut de 36 à 40 francs la tonne; elle pousse aussi à Diégo-Suarez, près du Sakaramy.

Le *maïs* doit être cultivé sur une étendue de 9,000 hectares, donnant 5,000 tonnes de graines; il constitue la nourriture essentielle des habitants du cercle de Tuléar.

La *canne à sucre* est surtout une plante industrielle; les indigènes fabriquent avec son jus un liquide fermenté, qu'ils appellent *betsabesa* et dont ils sont très friands. Elle est surtout cultivée dans les zones côtières.

Les *pois du Cap* et les *haricots* sont également surtout cultivés sur le littoral, notamment sur la côte ouest.

Les *saonjo*, les *arachides*, les *lentilles*, poussent un peu partout; la culture du *mil* tend à prendre une grande extension sur la côte ouest.

Les *cultures maraîchères* (petits pois, choux, carottes, navets, tomates, etc.) sont de plus en plus en faveur auprès des Malgaches du plateau central. Presque tous les légumes d'Europe poussent, d'ailleurs merveilleusement, dans cette région.

Nous avons mentionné plus haut la canne à sucre comme plante industrielle cultivée par les Malgaches; il faut y ajouter le cotonnier et le mûrier. Le *cotonnier malgache* vient très bien en Imerina et dans le Betsileo; il donne un produit de qualité inférieure, mais néanmoins utilisable industriellement. Quant au *mûrier,* il est indispensable à l'élevage des vers à soie. L'administration pousse les indigènes à accroître leurs plantations de mûriers.

Le tabac pousse aussi très bien à Madagascar. Les indigènes le cultivent pour leur consommation personnelle et fabriquent, avec sa feuille, des cigares dont la médiocre qualité résulte entièrement du mode défectueux de leur préparation.

Des essais de plantation de *blé* ont été effectués, en 1899, par la population du cercle de Betafo. Le rendement n'a été que de cinq fois et demie le poids de la semence (blé blanc tendre d'Amiens et blé rouge de Bordeaux). La culture des céréales européennes demeure d'ailleurs encore problématique dans la grande Île. Cependant l'*avoine,* le *seigle* et le *sarrasin* semblent donner de meilleurs résultats que le blé et l'*orge.* La *luzerne* pousse difficilement.

Enfin, les Malgaches cultivent aussi le *caféier,* mais seulement sur de très petites étendues, dans les endroits bien abrités et bien fumés, près des villages. Ils obtiennent ainsi de belles récoltes, même sur le plateau central où la culture du caféier, comme d'ailleurs celle de la presque totalité des plantes des pays tropicaux, semble vouée à un insuccès certain, lorsqu'elle est pratiquée sur de vastes superficies.

Les Malgaches n'utilisent, pour leurs travaux de culture, qu'une sorte de bêche qu'ils appellent *angady.* L'introduction d'instruments aratoires perfectionnés est très lente à se manifester d'une manière sérieuse.

CULTURES PRATIQUÉES PAR LES EUROPÉENS OU ASSIMILÉS.

Les Européens ou assimilés, établis à Madagascar, cultivent :

1° *Dans les zones côtières,* les plantes tropicales : caféier, vanillier, essences à caoutchouc, giroflier, cacaoyer, théier, cocotier, canne à sucre;

2° *Sur le plateau central* (Imerina et Betsileo), les cultures indigènes : riz, manioc, patates, maïs, etc., le caféier, le théier, la vigne, le cotonnier, les légumes d'Europe.

Le *caféier* est surtout cultivé sur la côte est; l'essence principalement propagée par les colons est le *Liberia,* qui pousse avec une remarquable vigueur dans les zones côtières, ne redoute que fort peu les atteintes de l'hémiléia vastatrix et donne, à Madagascar, un produit d'excellente qualité. Le *Liberia* de Madagascar, quand il sera apprécié à sa juste valeur, remplacera avantageusement sur le marché de la Métropole une partie des cafés brésiliens qui absorbent entièrement celui-ci aujourd'hui.

Sur le plateau central et dans les zones intermédiaires, ce sont les espèces dites *à petit grain* (Moka, Leroy, Bourbon) qui sont cultivées. Dans l'Imerina et le Betsileo, la création de grandes plantations de caféiers ne doit pas être entreprise.

Le tableau suivant indique l'étendue exacte et le nombre des plantations de caféiers, créées par des Européens ou assimilés, dans chacune des provinces de l'Île.

RÉGIONS.	CIRCONSCRIPTIONS ADMINISTRATIVES.	SUPERFICIES PLANTÉES.		NOMBRE DE PLANTATIONS.	
CÔTE EST.	Province de Diégo-Suarez.	16	949 hectares.	4	117 plantations.
	Province de Vohémar....	55		10	
	Province de Maroantsetra.	25		8	
	Province de Sainte-Marie.	78		4	
	Province de Fénérive....	7		6	
	Province de Tamatave...	71		10	
	District d'Andévorante...	40		12	
	District de Vatomandry..	106		13	
	District de Mahanoro....	174		27	
	Province de Mananjary..	350		21	
	Province de Farafangana.	20		1	
	Province de Fort-Dauphin.	7		1	
CÔTE OUEST.	Province de Nossi-Bé....	50	52 hectares.	10	11 plantations.
	Cercle d'Analalava......	2		1	
	Province de Majunga....	//		//	
	Cercle de la Mahavavy...	//		//	
	Cercle de Maintirano....	//		//	
	Cercle de la Tsiribihina..	//		//	
	Cercle de Morondava....	//		//	
	Cercle de Tuléar.......	//		//	
RÉGION CENTRALE.	Cercle d'Ambatoudrazaka.	//	110 hectares.	//	12 plantations.
	Cercle d'Anjozorobe.....	//		//	
	Cercle d'Ankazobe......	//		//	
	Cercle de Maevatanana..	//		//	
	District de Beforona.....	//		//	
	Cercle de Moramanga...	//		//	
	Cercle de Tsiafahy......	//		//	
	Province de Tananarive..	4		3	
	Cercle de Miarinarivo....	//		//	
	Cercle de Betafo.......	//		//	
	Province d'Ambositra....	4		4	
	Province de Fianarantsoa.	102		5	
	Cercle des Baras.......	//		//	
	TOTAUX GÉNÉRAUX....		1,111 hectares.		140 plantations.

Cet état ne comprend que les plantations entreprises par les Européens ou assimilés. Pour avoir la superficie exacte des terrains complantés en caféiers dans la Colonie, il faudrait tenir compte de très nombreuses petites plantations indigènes, que l'on rencontre notamment dans les provinces de Tananarive, d'Ambositra et de Fianarantsoa et qui couvrent de 350 à 400 hectares. De telle sorte, il y a actuellement dans l'Île environ 1,500 hectares de caféiers.

Les plantations actuelles sont, pour la plupart, très jeunes. Quelques-unes seulement viennent d'entrer dans la période de production. Pendant l'année écoulée, la province de Tamatave ainsi que les districts de Vatomandry et de Mahanoro ont respectivement produit 8,000 kilogrammes, 42,000 kilogrammes et 43,000 kilogrammes de café Libéria, valant sur place 180 francs, en moyenne, les 100 kilogrammes.

En 1904, la Colonie produira, probablement, de 800 à 1,000 tonnes de café.

Le *vanillier* est, comme le caféier, presque exclusivement cultivé sur la côte est, plus particulièrement dans les provinces de Vatomandry (122 hectares), Mahanovo (47 hectares), Mananjary (33 hectares), Sainte-Marie (30 hectares), Vohémar (13 hectares), Andévorante (11 hectares), Maroantsetra (9 hectares), etc. Il en existe cependant de belles plantations à Nossi-Bé (128 hectares). Quelques colons viennent d'introduire la culture de cette liane dans le cercle d'Analalava, ainsi que dans la province de Vohémar.

Le vanillier pousse admirablement à Madagascar dans les provinces du nord et du nord ouest de l'Île; c'est une essence que les planteurs ont intérêt, semble-t-il, à multiplier.

Les *essences à caoutchouc* sont surtout cultivées dans les province de Mananjary, où des plantations relativement importantes de caoutchouc céara (manihot glazovii) ont été entreprises. Elles couvrent à peu près, dans leur ensemble, une superficie de 100 hectares. Ailleurs (à Mahanoro, à Vatomandry, à Tamatave, à Diégo-Suarez, à Analalava et à Majunga), il n'a été, en réalité, procédé jusqu'ici qu'à des essais portant à peine sur quelques hectares, voire même sur quelques ares. Ces essais ont surtout pour but d'introduire des *Céara*, des *Castilloa* et des *Hœvea Brasiliensis.*

Les colons demeurent quelque peu indécis sur le choix de l'essence qu'ils doivent propager et qu'une expérience de plusieurs années peut seule signaler. Il semble que la côte ouest est plus favorable que la côte est au développement du Céara. En tout état de cause, les agriculteurs de la grande Île feraient peut-être bien de s'attacher plus particulièrement à la multiplication des essences forestières (arbres et lianes) qui croissent naturellement dans la Colonie et donnent des latex excellents; le marcottage des lianes paraît notamment devoir être très recommandé.

Le *giroflier* n'a été jusqu'ici cultivé d'une manière suivie, comme plante de rapport, qu'à Sainte-Marie. Cette petite île a produit environ 100,000 kilogrammes de clous de girofle en 1899. Cependant, dans le district d'Andévorante, quelques agriculteurs ont introduit cette essence dans leurs plantations.

Le *cacaoyer* est surtout cultivé dans les provinces de Mahanoro, Vatomandry, Andévorante, Mananjary et Tamatave; il en existe aussi quelques petites plantations à Nossi-Bé et dans le cercle d'Analalava. C'est un arbre d'un grand rapport, poussant fort bien à Madagascar, où son seul ennemi est le rat, qui mange les caboches arrivées à maturité et contre les dévastations duquel les planteurs doivent se prémunir. La production du cacao pour l'île entière ne dépasse pas actuellement quelques milliers de kilogrammes, aucune plantation n'ayant encore atteint, pour ainsi dire, l'âge de la production.

Le *théier* est encore fort peu répandu. Sauf à Fianarantsoa, où un colon s'est lancé dans sa culture en grand, il n'a guère été procédé jusqu'ici, dans la Colonie, qu'à des essais d'acclimatation de cette essence. Ceux-ci, qu'ils aient été effectués sur le plateau central ou dans les zones côtières, ont d'ailleurs donné des résultats très satisfaisants.

Aucune grande plantation de *cocotiers* n'a encore été faite dans la Colonie. Les planteurs installés sur le littoral, notamment sur la côte nord-ouest, ont bien, pour la plupart, entrepris la culture de ce précieux végétal, mais, seulement jusqu'ici, dans de très modestes proportions.

Cet arbre pousse cependant fort bien à Madagascar, notamment sur la côte ouest.

La *canne à sucre* est surtout cultivée dans les provinces de Nossi-Bé, Tamatave, Vatomandry et Fénérive par les Européens propriétaires de fabriques de sucre ou de rhum; elle pousse avec une vigueur remarquable dans les régions cotières, notamment dans le district d'Andévorante.

Quelques colons installés aux environs de Tananarive ont entrepris la culture du *cotonnier du pays*. Celle-ci ne deviendra réellement rémunératrice, pour l'Européen qui s'y livre, qu'après qu'une sérieuse sélection aura amené une amélioration de l'espèce et que des moyens de transport peu onéreux auront été établis entre le plateau central et la côte.

A Mananjary, Andévorante, Majunga, des essais d'acclimatation de cotonniers importés, notamment de cotonniers de Géorgie, ont merveilleusement réussi. Il serait intéressant que ces expériences fussent faites sur de grandes superficies.

La *vigne* a été introduite à Madagascar il y a fort longtemps; elle y donne un raisin très aqueux, dont le goût rappelle celui de la framboise. Des efforts notables ont été faits par les colons installés aux environs de Tananarive, en vue de l'extension de la culture de la vigne du pays et de l'introduction de plants français, qui permettront de greffer celle-ci. Il y a actuellement, dans la province de Tananarive, environ huit hectares de vigne.

Quelques petites plantations de ce précieux arbuste ont été aussi entreprises à Fianarantsoa.

Les colons du plateau central portent actuellement toute leur activité vers *les cultures vivrières indigènes*, notamment celle du riz. C'est que ces cultures sont très rémunératrices, en raison des prix élevés que leurs produits ont atteints. On admet généralement qu'une rizière rapporte en trois ans, au maximum, son prix d'achat, soit, en moyenne, 700 francs l'hectare.

La culture maraîchère est également pratiquée, près des grands centres, par quelques agriculteurs européens, pour qui elle constitue une source de petits bénéfices.

Enfin, quelques colons du plateau central effectuent actuellement des plantations de *mûriers*, en vue de se livrer ultérieurement à l'élevage des vers à soie.

Arbres fruitiers. — Dans la zone côtière on rencontre presque tous les fruits des tropiques : mangues, bananes, oranges, mandarines, citrons, ananas, letchis, anane, goyave, avocat, arbre à pain, etc. Sur les hauts plateaux ne poussent guère que : le manguier, le bananier, l'oranger, le citronnier, le pêcher et l'ananas. La culture de certains arbres fruitiers d'Europe (pommier, prunier, poirier) ne donne des résultats à peu près satisfaisants qu'au prix de soins incessants.

SERVICE DE L'AGRICULTURE.

Le service de l'agriculture est dirigé par un ingénieur agronome, assisté d'agents de culture et de jardiniers européens et indigènes. Il a pour objet de créer et d'entretenir des pépinières de plants qui sont livrés aux colons dès que ceux-ci en font la demande; il doit aussi s'occuper de la recherche des espèces qu'il convient de développer, ainsi que des meilleures méthodes culturales à employer.

Le service de l'agriculture comprend une importante station agronomique à Nanisana, près Tananarive, et des jardins d'essais à Tamatave, Majunga, Mananjary, Fort-Dauphin et Fianarantsoa. En outre, des pépinières locales ou de petits champs d'expériences agricoles sont installés dans les principaux centres de la Colonie.

ANIMAUX.

ANIMAUX SAUVAGES.

Les grands mammifères du continent africain (hyène, panthère, lion, léopard, girafe, zèbre, antilope, éléphant, rhinocéros) ne sont pas représentés à Madagascar. L'île ne renferme également ni tapirs, ni ours, ni tigres, ni daims, ni écureuils; la plupart des espèces que l'on y trouve lui sont particulières. Ses carnassiers ne sont pas dangereux pour l'homme.

La faune de la Colonie est caractérisée par une grande abondance de *lémuriens;* on y rencontre aussi des *chauves-souris*, des *insectivores*, un *sanglier* couvert de soies dures et jaunes et quelques *rongeurs*.

Madagascar possède un nombre considérable de genres et d'espèces d'oiseaux; beaucoup lui sont particuliers. Les *éperviers*, les *milans*, les *buses*, les *corbeaux*, les *perroquets*, les *coucous*, les *martins-pêcheurs*, les *huppes*, les *guêpiers*, les *rolliers*, les *engoulevents*, les *martinets*, les *passereaux*, les *pigeons*;

les *gallinacés*, les *échassiers*, les *palmipèdes*, les *oiseaux de mer*, les *oiseaux plongeurs*, etc., sont largement représentés dans la grande Île.

Les *crocodiles*, les *caïmans*, les *serpents* et les *tortues* existent aussi en grand nombre; les premiers sont redoutés des Malgaches. Parmi les serpents aucune espèce ne paraît venimeuse.

Les poissons d'eau douce appartiennent surtout à la famille des *chromidés*. Ceux qui peuplent les rivières du plateau central sont généralement peu comestibles. Dans les zones côtières, on pêche, au contraire, à l'embouchure des fleuves, d'excellents poissons. Les *écrevisses* et une sorte de *crevette terrestre* pullulent dans certains cours d'eau.

La mer offre, au point de vue de la pêche maritime, bien des ressources qui, malheureusement, ne sont encore que très peu connues et n'ont jamais fait jusqu'ici l'objet d'une exploitation régulière.

Les espèces de poissons de mer que l'on rencontre le plus communément sont les *mulets*, *carangues*, *raies*, *sardines*, *gueules pavées*, *barbues*, *dorades*, *trépangs*, etc.

On trouve aussi sur les côtes de Madagascar des crustacés, tels que *homards*, *langoustes*, *crevettes*, etc.

Les bancs d'*huîtres* sont assez nombreux. Sur la côte ouest, quelques commerçants ont commencé l'exploitation des huîtres à nacre et des huîtres perlières, que l'on rencontrerait aussi, paraît-il, en grand nombre, sur le rivage de la province de Vohémar. Sur la côte ouest, on récolte aussi des *tortues à écaille* et des *trépangs*. Ces divers produits de la mer ont donné lieu aux exportations suivantes pendant les trois dernières années :

PRODUITS EXPORTÉS.	1897.	1898.	1899.
	fr. c.	fr. c.	francs.
Huîtres perlières...........	Néant.	Néant.	1,141
Huîtres à nacre...........	1,292 00	585 00	480
Écailles de tortue..........	35,201 35	60,281 00	70,562
Trépangs................	Néant.	10,089 06	Néant.

ANIMAUX DOMESTIQUES. — ÉLEVAGE.

On rencontre à Madagascar des *chevaux*, des *mulets*, des *ânes*, des *bœufs zébus*, quelques *bœufs sans bosse*, dont l'espèce a été introduite, il y a quelques années, des *moutons à grosse queue*, des *chèvres*, des *porcs*, des *dindons*, des *oies*, des *canards*, des *poules* et des *lapins*.

Cheval. — Il existe, dans l'Île entière, à peine 800 à 1,000 chevaux, la plupart d'importation récente. Cependant, sur le plateau central, on trouve

300 à 400 petits chevaux dits *de pays* qui résultent de croisements intervenus entre des animaux introduits depuis le commencement du siècle et provenant de Maurice, du Cap, de Bourbon, de Surate, etc.

Les quelques mulets et ânes qui se trouvent actuellement à Madagascar proviennent du corps expéditionnaire de 1895 ou appartiennent aux services publics.

Les progrès de l'occupation française et l'ouverture d'un réseau de routes carrossables rendront prochainement indispensable l'introduction dans la Colonie d'un grand nombre d'animaux de bât et de trait. Comme les chevaux importés sont sujets aux atteintes de l'ostéomalacie, par suite de l'absence de calcaire dans la plupart des pâturages de la Colonie, il importe, au plus haut degré, d'améliorer la race dite *du pays*, qui, elle, est très résistante, par le croisement de ses juments avec des étalons d'Algérie, le type barbe étant celui qui paraît devoir le mieux s'acclimater et se multiplier à Madagascar.

Le srégions du nord de la Colonie, quelques rares vallées de l'Imerina et le pays Bara semblent pouvoir se prêter à l'élevage du cheval, du mulet et de l'âne.

La Colonie possède à Tananarive 13 étalons algériens qui sont mis à la disposition des éleveurs de l'Imerina.

Bœuf. — Le bœuf de Madagascar est de forte taille, robuste et très rustique. C'est un animal précieux, susceptible de devenir une source de gros revenus pour les personnes qui entreprendront son élevage rationnel. Les troupeaux, très décimés pendant l'insurrection, se reconstituent actuellement avec une rapidité remarquable; c'est pour arriver à ce résultat qu'un arrêté local a interdit l'abatage et l'exportation des vaches et des génisses.

La province de Vohémar, les cercles de Mandritsara, d'Analalava et d'Anjozorobé et le pays Bara, renferment de merveilleux pâturages qui permettent l'élevage en grand du bétail.

Le tableau suivant montre quel est le nombre des têtes de bœuf, vache, génisse, veau, existant dans chaque province ou cercle :

Diégo-Suarez	30,000 têtes.
Vohémar	50,000
Mandritsara	22,821
Analalava	50,000
Maroantsetra	5,200
Fénérive	15,000
Ambatondrazaka	32,000
Anjozorobe	8,498
Ankazobe	25,118
Tananarive	76,980
Tsiafahy	17,567
A reporter	333,184

Report	333,184 têtes.
Miarinarivo	51,444
Betafo	66,115
Ambositra	51,066
Tamatave	3,740
Andévorante	10,900
Beforona	2,460
Moramanga	7,007
Anosibe	1,550
Vatomandry	15,653
Mahanoro	6,433
Mananjary	28,068
Fianarantsoa	90,774
Farafangana	85,382
Fort-Dauphin	50,000
Tuléar	49,000
Betroka	100,000
Morondava	10,000
Maintirano	15,000
Svalala	28,309
Maevatanana	5,255
Majunga	38,000
Total	1,049,340

Cet état ne comprend pas le bétail de quelques régions du Sud-Ouest encore insuffisamment pacifiées. Le nombre des bœufs, vaches, génisses et veaux, existant actuellement à Madagascar, peut, par suite, être évalué à 1,100,000 ou 1,200,000 têtes environ. Les vaches et les génisses sont en très grande majorité, les bœufs suffisant encore à peine à la consommation locale et aux besoins de l'exportation. Nous avons donné le prix des bœufs au chapitre «Commerce».

Mouton. — Le mouton de Madagascar est le mouton africain à grosse queue, sans laine. Il donne une viande de qualité inférieure. Il en existe peut-être 200,000 à 250,000 dans l'Île entière. Il est indispensable d'améliorer cet animal par des croisements successifs avec des moutons de race supérieure; mais il est nécessaire que ces derniers soient très rustiques. Les mérinos, par exemple, n'ont en effet donné jusqu'ici aucun résultat. Le but cherché serait peut-être atteint par l'introduction de béliers du Cap, d'Australie ou d'Algérie. L'élevage du mouton de race sélectionnée donnerait vraisemblablement de bons résultats sur les plateaux Sakalava et les contreforts ouest de l'Imerina et du Betsileo.

Le mouton vaut, de 5 à 20 francs, suivant les régions.

La **chèvre** est rare à Madagascar; elle est fort peu utilisée; elle se paye de 10 à 25 francs.

Le **porc** de Madagascar est rustique et de belle taille; il est très répandu, surtout dans l'Imerina et le Betsileo. Son élevage, que facilite largement la culture très aisée du manioc, des patates, des pommes de terre et du maïs, est une source de revenus très appréciables.

Un porc adulte vaut de 25 à 100 francs, suivant son poids.

Les **dindons**, les **poules**, les **oies** et les **canards** se rencontrent en grand nombre dans presque toutes les régions. Les races sont belles et rustiques.

Quant aux **lapins**, importés vers 1840, ils ne sont pas encore très nombreux; on en trouve surtout dans l'Imerina et le Betsileo.

Le prix des volailles et lapins est indiqué dans les mercuriales insérées au chapitre «Commerce».

Épizooties. — Jusqu'ici aucune épizootie n'a été constatée à Madagascar.

COLONISATION.

Nous avons déjà indiqué les ressources que notre nouvelle Colonie offre à l'activité commerciale et industrielle de nos compatriotes. Nous n'envisagerons donc ici que la colonisation par la mise en valeur des terres.

COMMENT ON OBTIENT À MADAGASCAR UNE CONCESSION DE TERRE.

Aux termes de l'arrêté du 10 février 1899, remplaçant l'arrêté du 2 novembre 1896, les terres du Domaine peuvent être concédées par voie de vente, de location ou à titre gratuit.

Les concessions par voie de vente sont accordées au prix minimum de 2 francs par hectare dans les régions de l'Ouest et du Nord et de 5 francs par hectare sur la côte est et dans le haut pays.

Les locations sont consenties par baux renouvelables de quinze ans au maximum, au prix minimum, payable d'avance, de 0 fr. 25 par hectare et par an dans les régions de l'Ouest et du Nord et de 0 fr. 50 sur la côte est et dans le haut pays. Pendant la durée de son bail, le locataire d'une terre a le droit de préemption pour l'acquérir aux prix indiqués ci-dessus.

Les concessions gratuites sont exclusivement réservées aux citoyens français; leur superficie maxima est de 100 hectares et la même personne ne peut en obtenir qu'une seule.

Toute personne qui désire une concession de terre domaniale, résidant à Madagascar ou dûment représentée, doit adresser au chef de la province une demande dans laquelle elle spécifie l'étendue de terre qui lui est nécessaire et les limites du lot qu'elle a choisi et consigne entre ses mains, s'il s'agit d'une concession à titre onéreux, le prix afférent à la contenance demandée. Cependant, si le demandeur est Français, le prix de la concession sera versé, moitié lors de la délivrance du titre d'occupation provisoire, moitié lors de la remise du titre définitif.

Le chef de la province fait lever, aux frais du demandeur, le plan de la concession sollicitée et lui délivre ensuite, après enquête et s'il est Français, un titre provisoire ou de bail amiable. Si le demandeur est de nationalité étrangère, le titre est remis par le Gouverneur général.

Dans le but de faciliter l'installation des immigrants, les terrains de chaque province, paraissant se prêter plus particulièrement à la colonisation agricole, ont été immatriculés au nom de l'État. L'agriculteur qui choisit un de ces *lots de colonisation* est ainsi assuré que le fonds qu'il va mettre en valeur n'est grevé d'aucun droit autre que ceux de l'État.

Le titulaire d'un titre d'occupation provisoire est tenu, sous peine de déchéance, de former sur son lot un commencement d'exploitation ou d'établissement dans le délai de six mois à dater de la délivrance du titre provisoire et de résider sur sa concession ou d'y avoir un représentant.

La titre d'occupation provisoire est remplacé par un titre définitif de propriété, délivré par le Gouverneur général, en conseil d'administration, après justification d'une installation sur le lot en rapport avec l'étendue de ce lot, de la mise en valeur des terrains et de l'accomplissement, dans un délai de trois ans au maximum, des formalités d'immatriculation, que l'intéressé doit provoquer et dont les frais restent à sa charge.

Toutefois des concessions dont la superficie ne saurait, en aucun cas, être inférieure à 50 hectares, d'un seul tenant, peuvent être accordées sans condition d'installation et de mise en valeur, aussitôt après accomplissement des formalités d'immatriculation, au prix minimum de 100 francs l'hectare, dans les régions de l'Ouest et du Nord, et de 150 francs sur la côte est et dans le haut pays. Dans ce cas, le demandeur ne peut occuper le sol qu'après avoir versé le montant intégral du prix afférent à la contenance demandée et avoir obtenu le titre de vente, qui est délivré par le Gouverneur général, le conseil d'administration consulté.

Les concessions d'une superficie supérieure à 10,000 hectares font l'objet de contrats spéciaux soumis à l'approbation du Ministre des Colonies.

Tarif des frais de levé de plan et de bornage. — Toute personne requérant l'immatriculation d'un immeuble ou adressant une demande de concession, de location ou de reconnaissance de terres domaniales devra, pour obtenir la délivrance des plans ou croquis, verser au service topographique une somme calculée d'après les tarifs suivants :

1° *Tarif urbain.* — Ce tarif est applicable aux propriétés situées dans l'intérieur ou dans les faubourgs des villes et dans l'intérieur des villages.

1° Propriétés bâties, quelle que soit la nature des constructions élevées sur l'une des parcelles de l'immeuble borné. Il sera perçu :

A. Une somme fixe de 30 francs.

B. Une somme proportionnelle au nombre de bornes figurées sur le plan et calculée comme il suit :

Pour les bornes numérotées de 1 à 5 inclus, 5 francs par borne;

Pour les bornes numérotées de 6 à 10 inclus, 3 francs par borne;

Pour les bornes numérotées de 11 à 20 inclus, 2 francs par borne;

Pour les bornes numérotées au-dessus de 20, 1 franc par borne.

2° Propriétés nues (sans construction sur aucune des parcelles de l'immeuble). Il sera perçu :

A. Une somme fixe de 30 francs.

B. Une somme proportionnelle au nombre de bornes figurées sur le plan et calculée comme il suit :

Pour les bornes numérotées de 1 à 5 inclus, 3 francs par borne;

Pour les bornes numérotées de 6 à 10 inclus, 2 francs par borne;

Pour les bornes numérotées au-dessus de 10, 1 franc par borne.

2° *Tarif rural.* — Ce tarif est applicable aux propriétés situées en dehors des faubourgs des villes et en dehors des villages. Il sera perçu :

Jusqu'à 10 hectares :

A. Un droit fixe de 30 francs, augmenté de 10 francs si la propriété est bâtie.

B. Par borne numérotée de 1 à 5, 3 francs;

Par borne numérotée de 6 à 10, 2 francs;

Par borne numérotée au-dessus de 10, 1 franc.

Au-dessus de 10 hectares jusqu'à 100 hectares :

A. Un droit fixe de 40 francs pour les 10 premiers hectares, augmenté de 15 francs si la propriété est bâtie.

B. 1 franc par hectare en plus des 10 premiers.

C. 1 franc par borne figurée sur le plan.

De 100 à 500 hectares :

A. Un droit fixe de 130 francs pour les 500 premiers hectares, augmenté de 20 francs si la propriété est bâtie.

B. 0 fr. 75 par hectare en plus des 100 premiers.

C. 1 franc par borne figurée sur le plan.

De 500 à 1,000 hectares :

A. Un droit fixe de 430 francs pour les 500 premiers hectares, augmenté de 30 francs si la propriété est bâtie.

B. 0 fr. 50 par hectare en plus des 500 premiers.

C. 1 franc par borne figurée sur le plan.

De 1,000 à 10,000 hectares :

A. Un droit fixe de 680 francs pour les 1,000 premiers hectares, augmenté de 50 francs si la propriété est bâtie.

B. 0 fr. 30 par hectare en plus des 1,000 premiers.

C. 1 franc par borne figurée sur le plan.

De 10,000 à 100,000 hectares :

A. Un droit fixe de 3,380 francs pour les 10,000 premiers hectares.

B. 0 fr. 20 par hectare en plus des 10,000 premiers.

C. 1 franc par borne figurée sur le plan.

Au-dessus de 100,000 hectares :

A. Un droit fixe de 21,380 francs pour les 100,000 premiers hectares.

B. 0 fr. 15 par hectare en plus des 100,000 premiers.

C. 1 franc par borne figurée sur le plan.

Les tarifs ci-dessus comprennent les dépenses nécessitées par les opérations d'immatriculation des propriétés (bornage et levé des plans). Lorsque le propriétaire demande seulement un croquis de reconnaissance et le bornage du terrain, exigés pour la délivrance du titre d'occupation provisoire, ces tarifs sont réduits des deux tiers. Si le concessionnaire demande, dans l'avenir, le titre définitif immatriculé, il doit verser à ce moment le complément des frais fixés par les tarifs ci-dessus.

A ces différents frais, il convient d'ajouter, dans tous les cas, ceux qui résultent du déplacement de géomètre et de l'achat des fournitures qu'il emploie.

Pour les lots de colonisation, les frais que doivent rembourser les concessionnaires sont basés sur un tarif un peu inférieur.

BUREAUX DE COLONISATION.

Dans chaque province de l'Île fonctionne un *bureau de colonisation,* dirigé par un géomètre, sous l'autorité de l'administrateur. Ce bureau condense toutes les indications d'ordre économique intéressant la province. Il a pour mission essentielle de tenir à la disposition du public des questionnaires contenant des renseignements, aussi détaillés et aussi précis que possible, sur les ressources et les conditions climatériques, les moyens d'accès, la nature du sol, les mœurs des indigènes de la contrée et notamment la région où ont été délimités des lots ou périmètres de colonisation. Il possède aussi la carte de la colonisation, ainsi que des notices résumées sur chacune des provinces de la Colonie.

C'est à ce bureau que doivent s'adresser en débarquant dans la Colonie les personnes qui désirent obtenir des renseignements sur la grande Île et plus particulièrement sur la province au chef-lieu de laquelle il se trouve.

STATISTIQUES.

Le tableau suivant donne la position géographique et la superficie des périmètres et lots de colonisation au 31 décembre 1899.

ÉTAT DES PÉRIMÈTRES ET LOTS DE COLONISATION AU 31 DÉCEMBRE 1899.

(Application de la circulaire du 31 avril 1899.)

Imerina et Betsileo.

DISTRICT D'ARIVONIMAMO.

	Hect.	a.	c.
Fieferamanga	74	30	10
Antambe	636	51	95

CERCLE D'AMBATONDRAZAKA.

	Hect.	a.	c.
Ambaratabe I (secteur de Tsaratanana)	218	64	25
Ambaratabe II —	208	02	00
Andromba I (secteur d'Imerimandroso)	101	16	62
Andromba II —	100	47	75
Ambatomafana —	101	15	62
Tsarasara (secteur de Tsaratanana)	207	95	50
Mahatsinjo —	100	55	00
Ambalanjanakomby I (secteur d'Ambohitrolomahitsy)	106	67	00
Ambalanjanakomby II —	112	12	50
Ampananganana	96	79	50
Andranomangatsiaka II	118	75	75
Andranomangatsiaka III	148	34	00
Analatsara	134	16	00
Andrainarivo	127	19	25
Antamponandrainarivo	123	46	25
Anjohy (secteur d'Ankazondandy)	139	34	72
Antokonana —	122	84	34
Ambokimbiro —	108	70	00
Andrianovo —	122	42	50
Bekitay —	110	29	50
Du Poste —	117	48	75
Amboniakondro —	152	51	50
Antsilaza —	101	87	37
Anosifito —	137	70	00
Ambodivona —	125	12	99
Andranoaivo —	120	84	75
Andranomangatsiaka —	98	75	29
Antanitiampovoany —	47	14	49
Ambohibao sud (secteur d'Ambohitrolomahitsy)	127	20	07
Miarinarivo —	114	63	12
Ambatomainty I —	100	31	00
Ambatomainty II —	65	05	11
Ambatomainty III —	182	15	00
Ampetsapetsa —	125	28	00
Ambohitrolomahitsy —	122	27	50

	Hect.	a.	c.
Anketrabe	102	00	00
Ambohitrandriana	83	02	50
La Parisienne	216	80	37
Avaratr'Analatsara	121	21	00
Ambohimanjaka I	117	36	25
Ambohimanjaka II	114	14	00
Anjiro	140	13	37
Ambohimanjaka III	99	13	12
Ambatobe	1,434	80	00
Mampiteny I	105	04	00
Mampiteny II	104	36	25
Mampiteny III	117	36	25
Mampiteny IV	138	46	00
Analabe I	101	74	50
Analabe II	100	59	50
Analabe III	100	11	87
Analabe IV	98	02	00
Tananarive	289	41	50

CERCLE D'ANKAZOBE.

Analamanantsara (secteur de Vohilena)	1,200	93	37

CERCLE DE BETAFO.

Sahamadio (secteur d'Ambatolampy)	101	14	50
Belamba —	612	14	00
Amborona I (secteur de Tsinjoarivo)	105	48	37
Amborona II —	100	07	37
Amborona III —	101	13	50
Ambohitsaratelo I —	118	80	75
Ambohitsaratelo II —	100	04	25
Ambohipanompo I —	100	24	87
Ambohipanompo II —	101	52	75
Ambohipanompo III —	103	70	00
Ankirano —	168	14	00
Vohijanabary (secteur d'Antsirabe)	97	32	75
Taovalo —	1,205	76	15
Antonety —	98	10	42
La Plaine —	811	10	02
Akofolo —	385	17	70

Côte est.

PROVINCE DE VOHÉMAR.

District d'Antalaha.

Un lot	30	00	00
Idem	100	00	00

	Hect.	a.	c.
Un lot	300	00	00
Idem	150	00	00
Idem	200	00	00

District de Sambava.

Un lot	30	00	00
Idem	100	00	00
Idem	300	00	00
Idem	150	00	00
Idem	200	00	00

PROVINCE DE TAMATAVE.

Périmètre du Fanandrana	4,000	00	00

DISTRICT DE VATOMANDRY.

Tamboro	381	80	00
Manambolo	2,608	17	32
Ambodimanga	1,077	70	80
Sahaly	844	10	51
Manampotsy I	1,227	46	21
Manampotsy II	350	50	00
Manampotsy III	6,053	01	61

DISTRICT DE MAHANORO.

Masomeloka I	287	98	29
Masomeloka II	77	01	54
Masomeloka III	268	14	19
Menagisy I	657	15	50
Menagisy II	215	90	98
Lohariana	587	03	72

PROVINCE DE MANANJARY.

Ankasitokana	(Morafeno)	98	00	24
Beronono	—	98	61	50
Ambohimanga Faraony I	—	88	93	95
Ambohimanga Faraony II	—	90	22	44
Morafeno I	—	97	51	23
Ranomiteka I	—	91	62	32
Ranomiteka II	—	94	56	51
Morafeno II	—	95	24	38
Ambohimanga Faraony III	—	103	99	56
Ambohimanga Faraony IV	—	95	71	75
Beronono II	—	127	29	99
Mahavelo	—	97	91	39
Maha I	(groupe de la Maha)	102	10	80
Befotaka	—	114	35	58
Tanimbary	—	102	50	46

		Hect.	a.	c.
Tanambato (groupe de la Maha)		103	03	27
Jalakely	—	115	04	16
Atsimo Nasora	—	103	37	90
Nasora	—	100	37	95
Atsimo Ambodisiny	—	100	01	82
Ambodisiny	—	103	76	40
Antanambe	—	102	03	70
Tsarahonenana	—	109	04	22
Les Manguiers	—	96	50	64
Vohangibe	—	106	32	45
Ambodirofia	—	106	14	02
La Cascade	—	93	39	12
Ranivala	—	111	40	66
Tananatelo	—	121	55	86
Tsimisy	—	99	16	48
Sarobaratra	—	103	62	45
Antsiriry	—	110	23	44
Sahasindro (groupe de Betainomby)		130	76	40
Bambola	—	146	10	20
Fanantara	—	479	63	93
Sarony	—	132	98	33
Mafasy	—	505	91	57
Betainomby	—	116	72	12
Salombo	—	105	38	30
Fasina	—	109	22	26
Andara	—	97	91	08
Ambohimarirano	—	97	76	55
Danjimandaka	—	107	64	79
Manambato	—	108	43	55

CERCLE DE FORT-DAUPHIN.

Périmètre de Saonirano (Fort-Dauphin)		1,053	48	88
— d'Effarantra	—	1,400	85	70
— d'Isaka		1,487	90	87

Côte ouest.

CERCLE-ANNEXE DE LA GRANDE TERRE.

Périmètre du Sambirano (38 lots)		3,800	00	00
— d'Ankify (7 lots)		207	50	00

CERCLE D'ANALALAVA.

Ketaka (secteur d'Ankarafa)		111	31	57
Bevoay	—	104	51	17

PROVINCE DE DIÉGO-SUAREZ.

Plateau d'Antsirane (Antanamitarana)	484	00	00
Vallée de Mahatsinjo	507	00	00

	Hect.	a.	c.
Plateau de la Montagne d'Ambre................		?	
Les plaines du Sakaramy......................		?	
Les vallées du Rodo..........................		?	
Les plaines de Mahagaga.....................	1,200	00	00
Les plaines de Besokatra		?	
Les vallées du Mangoaka.....................	1,415	00	00
Les vallées et plaines d'Ambararatra.............	336	00	00
Les vallées et plaines d'Irohono	3,876	00	00
Les plaines d'Andrafangara....................		?	

Les deux états ci-après indiquent quelle est la situation exacte de la Colonie, au 31 décembre 1899, au point de vue de l'attribution à des particuliers non indigènes des terres du Domaine :

1° A titre provisoire avec obligation de mise en valeur dans un délai de trois années;

2° A titre définitif après avoir rempli l'obligation de la mise en valeur.

Dans le total du premier tableau, les concessions données gratuitement aux Français sont au nombre de 517 portant sur 26,192 hectares 13 ares 98 centiares; les concessions accordées à titre onéreux, soit aux Français déjà pourvus d'une concession gratuite de 100 hectares, soit aux étrangers, sont au nombre de 428 portant sur 59,177 hectares 82 ares 83 centiares.

Dans le total du deuxième tableau, les concessions qui avaient été données provisoirement à titre gratuit sont au nombre de 28 portant sur 994 hectares 37 ares 24 centiares, et celles qui avaient été données provisoirement, à titre onéreux, sont au nombre de 95 portant sur 6,387 hectares 57 ares.

Le tableau qui suit montre que la location des terres du Domaine n'est pas très en faveur auprès des colons.

Centres de colonisation agricole. — C'est surtout sur la côte est de l'Île, notamment dans la province de Mananjary, les districts de Mahanoro, Vatomandry, Andévorante et la province de Tamatave, que s'est portée jusqu'ici de préférence l'activité des petits colons désireux de créer dans la Colonie une exploitation agricole basée sur la culture des essences tropicales. Les cinq tableaux des pages 136 et suivantes indiquent la situation actuelle de la petite colonisation dans ces régions; un sixième tableau (page 144) donne le même renseignement pour l'île de Nossi-Bé.

Dans l'Imerina et le Betsileo les propriétés des colons ne sont pas groupées.

ÉTAT RÉCAPITULATIF DES CONCESSIONS ACCORDÉES À TITRE PROVISOIRE, TANT À TITRE GRATUIT QU'À TITRE ONÉREUX, AUX CONDITIONS ORDINAIRES, AU 31 DÉCEMBRE 1899.

(Loi du 9 mars 1896, arrêtés des 2 novembre 1896 et 10 février 1899.)

CIRCONSCRIPTIONS ADMINISTRATIVES.	1895 ET 1896.		1897.		1898.		1899.	
	NOMBRE.	SUPERFICIES.	NOMBRE.	SUPERFICIES.	NOMBRE.	SUPERFICIES.	NOMBRE.	SUPERFICIES.
		hect. a. c.		hect. a. c.		hect. a. c.		hect. a. c.
Province de Tananarive	1	300 00 00	5	413 38 04	11	568 40 93	74	3,624 19 36
Province de Tananarive. — District d'Arivonimamo	″	″	″	″	1	3 00 00	8	385 43 28
Province de Majunga	″	″	8	401 00 00	17	20,779 93 76	4	491 19 70
Province de Nossi-Bé	″	″	1	48 09 40	8	587 73 38	12	138 46 95
Province de Diégo-Suarez	1	02 30	22	397 06 78	24	10,287 18 78	28	269 38 41
Province de Vohémar	″	″	4	446 02 50	1	12 42	15	103 82 71
Province de Maroantsetra	″	″	″	″	″	″	2	90 80
Province de Fénérive	″	″	″	″	10	329 21 25	7	455 00 00
Province de Sainte-Marie	″	″	″	″	1	100 00 00	1	100 00 00
Province de Tamatave	″	″	84	2,507 53 01	27	1,105 87 80	21	786 52 05
Province de Mananjary	″	″	2	46 04 16	14	627 52 66	35	1,342 40 56
Province de Farafangana	″	″	″	″	11	82 06 61	″	″
Province d'Ambositra	″	″	9	219 85 09	6	5 46 80	″	″
Province du Betsileo	″	″	4	918 00 00	17	1,001 91 91	11	3,750 92 11
Territoire de Betsimisaraka du Sud. — District d'Andévorante	″	″	26	1,276 19 32	14	816 55 71	73	4,923 48 33
District de Beforona	″	″	2	2 21 12	″	″	6	105 17 74
District d'Anosibe	″	″	″	″	″	″	1	37 00 00
District de Vatomandry	″	″	5	343 67 84	″	″	10	3,461 85 52
District de Mahanoro	1	300 00 00	″	″	7	26 55 73	6	160 90 98
1er Territoire militaire. — Cercle d'Ambatondrazaka	″	″	″	″	1	100 00 00	1	50 00 00
Cercle de Tsiafahy	1	03 16	2	200 00 00	5	37 35 43	30	1,181 10 24
Cercle d'Anjozorobe	″	″	6	1,706 83 50	7	564 90 30	14	4,845 00 00
Cercle de Moramanga	″	″	2	4,000 16 00	1	130 00 00	4	75 61 00
2e Territoire militaire. — Cercle de Betafo	″	″	5	59 60	9	132 06 48	14	334 68 89
Cercle de Miarinarivo	″	″	″	″	″	″	2	86 85 00
Cercle de Marolaka	″	″	″	″	″	″	″	″
Cercle de Betsiriry	″	″	″	″	″	″	″	″
Cercle de Mahabo	″	″	″	″	″	″	″	″
Cercle de Morondava	″	″	″	″	″	″	″	″
A reporter	4	600 05 46	187	12,916 68 36	192	37,284 94 95	380	2,660 03 63

CIRCONSCRIPTIONS ADMINISTRATIVES.	1895 ET 1896.		1897.		1898.		1899.	
	NOMBRE.	SUPERFICIES.	NOMBRE.	SUPERFICIES.	NOMBRE.	SUPERFICIES.	NOMBRE.	SUPERFICIES.
		hect. a. c.		hect. a. c.		hect. a. c.		hect. a. c.
Report	4	600 05 46	187	12,916 68 36	192	37,284 94 95	380	2,660 03 63
4e Territoire militaire. Cercle d'Ankazobe	″	″	4	600 95 41	5	260 24 50	19	1,724 99 28
4e Territoire militaire. Cercle d'Andriamena	″	″	″	″	″	″	″	″
4e Territoire militaire. Cercle de Maevatanana	″	″	″	″	″	″	″	″
4e Territoire militaire. Cercle de Mahavavy	″	″	″	″	″	″	″	″
4e Territoire militaire. Cercle de Maintirano	″	″	″	″	″	″	″	″
Cercle d'Analalava	″	″	5	52 05 26	6	3,000 47 48	28	382 52 12
Cercle-annexe de la Grande-Terre	″	″	″	″	1	100 00 00	″	″
Cercle des Bara	″	″	″	″	″	″	″	″
Cercle-annexe de Fort-Dauphin	″	″	12	19 51 89	16	508 12 11	20	81 36 10
Cercle de Tuléar	″	″	19	228 72 02	9	900 00 00	29	88 45 04
TOTAUX	4	600 05 46	227	13,827 90 94	229	42,054 74 24	485	28,887 26 17

Soit, au 31 décembre 1899, un total de 945 concessions, à titre provisoire, portant sur 85,369 hectares 96 ares 81 centiares.

ÉTAT RÉCAPITULATIF DES CONCESSIONS ACCORDÉES À TITRE DÉFINITIF APRÈS MISE EN VALEUR, TANT À TITRE GRATUIT QU'À TITRE ONÉREUX, AUX CONDITIONS ORDINAIRES, AU 31 DÉCEMBRE 1899.

(Loi du 9 mars 1896, arrêtés des 2 novembre 1896 et 10 février 1899.)

CIRCONSCRIPTIONS ADMINISTRATIVES.	1895 ET 1896.		1897.		1898.		1899.	
	NOMBRE.	SUPERFICIES.	NOMBRE.	SUPERFICIES.	NOMBRE.	SUPERFICIES.	NOMBRE.	SUPERFICIES.
		hect. a. c.		hect. a. c.		hect. a. c.		hect. a. c.
Province de Tananarive	″	″	5	349 36 23	3	75 34 43	8	209 48 65
Province de Tananarive. District d'Arivonimamo	″	″	″	″	3	728 00 00	″	″
Province de Majunga	″	″	″	″	″	″	17	1,290 09 36
Province de Nossi-Bé	″	″	″	″	3	108 52 62	2	26 23 81
Province de Diégo-Suarez	″	″	2	5 94 29	″	″	1	10 12
Province de Vohémar	″	″	″	″	″	″	″	″
Province de Maroantsetra	″	″	″	″	″	″	″	″
Province de Fénérive	″	″	″	″	″	″	″	″
A reporter	″	″	7	355 30 52	9	911 87 05	27	1,535 91 94

CIRCONSCRIPTIONS ADMINISTRATIVES.		1895 ET 1896.		1897.		1898.		1899.	
		NOMBRE.	SUPERFICIES.	NOMBRE.	SUPERFICIES.	NOMBRE.	SUPERFICIES.	NOMBRE.	SUPERFICIES.
			hect. a. c.		hect. a. c.		hect. a. c.		hect. a. c.
	Report	〃	〃	7	355 30 52	9	911 87 05	27	1,525 91 94
Province de Sainte-Marie		〃	〃	〃	〃	〃	〃	〃	〃
Province de Tamatave		〃	〃	〃	〃	〃	〃	3	22 05 15
Province de Mananjary		〃	〃	〃	〃	〃	〃	9	572 25 04
Province de Farafangana		〃	〃	〃	〃	〃	〃	〃	〃
Province d'Ambositra		〃	〃	〃	〃	〃	〃	1	09 80
Province du Betsileo		〃	〃	〃	〃	5	131 45 42	3	503 00 00
Territoire des Betsimisaraka du Sud.	District d'Andévorante	〃	〃	〃	〃	〃	〃	6	65 29 89
	District de Beforona	〃	〃	〃	〃	〃	〃	〃	〃
	District d'Anosibé	〃	〃	〃	〃	〃	〃	〃	〃
	District de Vatomandry	〃	〃	〃	〃	〃	〃	10	1 97 07
	District de Mahanoro	〃	〃	〃	〃	4	286 13 14	1	53 00 60
1er Territoire militaire.	Cercle d'Ambatondrazaka	〃	〃	〃	〃	〃	〃	〃	〃
	Cercle de Tsiafaby	〃	〃	〃	〃	2	11 50 35	〃	〃
	Cercle d'Anjozorobé	〃	〃	〃	〃	〃	〃	1	2,500 20 37
	Cercle de Moramanga	〃	〃	〃	〃	〃	〃	〃	〃
2e Territoire militaire.	Cercle de Betafo	〃	〃	3	72 96	9	209 41 34	〃	〃
	Cercle de Miarinarivo	〃	〃	〃	〃	〃	〃	〃	〃
	Cercle de Marolaka	〃	〃	〃	〃	〃	〃	〃	〃
	Cercle de Betsiriry	〃	〃	〃	〃	〃	〃	〃	〃
	Cercle de Mahabo	〃	〃	〃	〃	〃	〃	〃	〃
	Cercle de Morondava	〃	〃	〃	〃	〃	〃	〃	〃
4e Territoire militaire.	Cercle d'Ankazobé	〃	〃	〃	〃	〃	〃	7	161 84 62
	Cercle d'Andriamena	〃	〃	〃	〃	〃	〃	〃	〃
	Cercle de Maevetanana	〃	〃	〃	〃	〃	〃	〃	〃
	Cercle de Mahavavy	〃	〃	〃	〃	〃	〃	〃	〃
	Cercle de Maintirano	〃	〃	〃	〃	〃	〃	〃	〃
Cercle d'Analalava		〃	〃	〃	〃	〃	〃	〃	〃
Cercle-annexe de la Grande-Terre		1	20 00 00	〃	〃	〃	〃	〃	〃
Cercle des Bara		〃	〃	〃	〃	〃	〃	1	9 91 50
Cercle-annexe de Fort-Dauphin		13	39 97 48	〃	〃	〃	〃	〃	〃
Cercle de Tuléar		〃	〃	〃	〃	〃	〃	〃	〃
	TOTAUX	14	59 97 48	10	356 03 48	29	1,550 37 30	70	5,415 55 98

Soit au 31 décembre 1899, un total de 123 concessions, accordées à titre définitif, après mise en valeur et portant sur 7,381 hectares 94 ares 24 centiares.

ÉTAT DES LOCATIONS CONSENTIES AUX CONDITIONS ORDINAIRES AU 31 DÉCEMBRE 1899.

(Loi du 9 mars 1896, arrêtés des 2 novembre 1896 et 10 février 1899.)

CIRCONSCRIPTIONS ADMINISTRATIVES.	1895 ET 1896.		1897.		1898.		1899.	
	NOMBRE.	SUPERFICIE.	NOMBRE.	SUPERFICIE.	NOMBRE.	SUPERFICIE.	NOMBRE.	SUPERFICIE.
		h. a. c.		h. a. c.		h. a. c.		h. a. c.
Province de Tananarive	"	"	1	0 19 72	1	149 00 00	5	258 73 56
Province de Tananarive. — District d'Arivonimamo	"	"	"	"	1	1 00 00	2	697 30 00
Province de Majunga	"	"	"	222 00 00	"	0 96 00	"	"
Province de Nossi-Bé	"	"	"	"	"	"	"	"
Province de Diégo-Suarez	"	"	"	"	"	"	"	"
Province de Vohémar	"	"	"	"	"	"	"	"
Province de Maroantsetra	"	"	"	"	"	"	1	0 03 46
Province de Fénérive	"	"	"	"	"	"	"	"
Province de Sainte-Marie	"	"	"	"	"	"	1	Îlot aux Forbans.
Province de Tamatave	"	"	"	"	"	"	2	2 05 23
Province de Mananjary	"	"	"	"	"	"	"	"
Province de Farafangana	"	"	"	"	"	"	"	"
Province d'Ambositra	"	"	"	"	"	"	"	"
Province du Betsileo	"	"	"	"	"	"	"	"
Territoire des Betsimisaraka du Sud. — District d'Andévorante	"	"	"	"	1	300 00 00	2	718 80 00
District de Beforona	"	"	"	"	"	"	"	"
District d'Anosibe	"	"	"	"	"	"	"	"
District de Vatomandry	"	"	"	"	2	500 00 00	1	418 00 00
District de Mahanoro	"	"	1	1,200 00 00	1	1,779 00 00	1	3 00 00
1er Territoire militaire. — Cercle d'Ambatondrazaka	"	"	"	"	"	"	"	"
Cercle de Tsiafahy	"	"	1	106 00 00	"	"	"	"
Cercle d'Anjozorobé	"	"	"	"	1	216 80 87	1	300 00 00
Cercle de Moramanga	"	"	"	"	"	"	"	"
2e Territoire militaire. — Cercle de Betafo	"	"	"	"	"	"	"	"
Cercle de Miarinarivo	"	"	"	"	"	"	"	"
Cercle de Marolaka	"	"	"	"	"	"	"	"
Cercle de Betsiriry	"	"	"	"	"	"	"	"
Cercle de Mahabo	"	"	"	"	"	"	"	"
Cercle de Morandava	"	"	"	"	"	"	"	"
4e Territoire militaire. — Cercle d'Ankazobé	"	"	"	"	1	400 00 00	"	"
Cercle d'Andriamena	"	"	"	"	"	"	"	"
Cercle de Maevatanana	"	"	"	"	"	"	"	"
Cercle de Mahavavy	"	"	"	"	"	"	"	"
Cercle de Maintirano	"	"	"	"	"	"	"	"
Cercle d'Analalava	"	"	"	"	"	"	"	"
Cercle-annexe de la Grande-Terre	4	1,420 00 00	8	3,950 00 00	"	"	"	"
Cercle des Bara	"	"	"	"	"	"	"	"
Cercle-annexe de Fort-Dauphin	"	"	"	"	"	"	"	"
Cercle de Tuléar	"	"	"	"	"	"	"	"
	4	1,420 00 00	12	5,478 19 72	9	3,246 76 87	16	2,397 92 25

Soit, au 31 décembre 1899, 41 locations portant sur 12,542 hectares 88 ares 44 centiares.

PLANTATIONS EXPLOITÉES DANS LE DISTRICT DE MAHANORO.

NOM DU PROPRIÉTAIRE.	NOM DE LA PLANTATION.	SUPERFICIE TOTALE.	SUPERFICIE CULTIVÉE.	NATURE DU SOL.	GENRE DE CULTURE.
		hect. a.	hect. a.		
Deville de Sardelys	Marrelle	300 00	213 00	Argilo-alluvionnaire.	42,000 lianes de vanille, 31,529 caféiers Libéria, 52,168 cacaoyers, 1,000 caoutchoucs Castilloa et Céara et de nombreuses pépinières.
Giroust (Léon)	Cascades II	600 00	25 00	Argilo-ferrugineux.	13,000 lianes de vanille, 5,300 caféiers Libéria, 7,000 caféiers Libéria en pépinières, 6,000 cacaoyers, 188 girofliers, 534 pieds de tabac.
Fleuret (Jean)	Élise	162 75	14 00	*Idem.*	4,500 caféiers Libéria, 11,000 cacaoyers, 450 caoutchoucs Céara.
De Floris	Tsarahafatra	1,964 50	50 00	*Idem.*	10,000 caféiers Libéria, 20,000 cacaoyers.
Saletz (J.)	Montrésor	100 00	2 50	*Idem.*	3,500 lianes de vanille, 200 caoutchoucs Céara et canne à sucre.
Desprez (L.)	Beau Retour	60 00	6 00	*Idem.*	1,000 caféiers Libéria en pépinière, 1,500 cacaoyers en rapport et divers.
Grondin (M.)	Ambomaevo	5 00	2 00	*Idem.*	2,000 lianes de vanille, canne à sucre, manioc et patates.
Thibault (Andrien)	Révolution	12 00	2 50	*Idem.*	8,000 lianes de vanille, 600 caféiers Libéria et 200 cacaoyers.
Thibault (Alp.)	Espérance	2 00	1 50	Argilo-alluvionnaire.	2,500 lianes de vanille en rapport et 4,500 lianes non en rapport.
Idem	La Ressource	5 00	3 00	*Idem.*	2,500 lianes de vanille en rapport, 1,000 cafés Libéria et 1,500 cacaoyers en pépinière.
Bouard Lionel	Menagisy	268 00	11 00	Terres basses argilo-alluvionnaire.	60 lianes de vanille, 300 cacaoyers en rapport et 11 caféiers Libéria en rapport.
Bénier (E.)	Surprise	3 00	1 50	Terres d'alluvions basses et riches.	2,000 lianes de vanille, 300 cacaoyers en rapport et 11 caféiers Libéria en rapport.
Bernardeau (P.)	La Créole	5 00	2 50	Argilo-alluvionnaire.	1,000 lianes de vanille en rapport et 8,000 non en rapport et 325 caféiers Libéria en rapport.
Daviot (H.)	Tsarosa et Eden	30 00	15 50	Argileux.	1,000 caféiers Libéria rapportant en 1899 pour la première fois et 10,000 cacaoyers en pépinière.
De la Tour Saint-Ygest	Malgré-Tout	10 00	2 50	Argilo-ferrugineux.	1,200 caféiers Libéria en rapport et 2,000 non en rapport et caoutchouc Céara.
Bénier (E.)	Edith	3 00	1 50	Alluvions, terres riches en humus.	6,000 lianes de vanille, 300 caféiers Libéria en rapport, et arbres fruitiers.
Moreau (A.)	Amitié et Hermitage	40 50	29 00	Terres d'alluvion argileuses.	6,000 caféiers Libéria, 6,000 cacaoyers dont 1,000 en rapport et 200 girofliers en rapport.
Montocchio (V.)	Befotaka	5 00	2 50	Terres argileuses alluvionnaires.	5,000 lianes de vanille dont 1,000 en rapport, 250 caféiers Libéria et 50 cacaoyers en rapport.
Houdoul (A.)	Bonne-Veine	51 72	19 00	Argilo-alluvionnaire.	8,000 lianes de vanille, 5,000 caféiers Libéria en rapport, 800 cacaoyers en rapport et 1,200 non en rapport et 50 caoutchoucs Céara.
Darius Adelson	Espérance	5 00	1 00	Argilo-ferrugineux.	2,000 lianes de vanille et 300 cacaoyers.
Fabre (Fernand)	Trianon	80 00	11 00	Alluvions.	10,000 lianes de vanille, 8,000 caféiers Libéria, 400 cacaoyers.
Presto (J.)	Pasimavo	5 00	1 50	Alluvionnaires argileuses.	650 caféiers, 1,000 cacaoyers en pépinière et divers.
De la Tour Saint-Ygest	Manandriana	26 00	1 50	Argilo-alluvionnaires.	4,000 lianes de vanille dont 2,000 en rapport. Pépinière de café et cacao.
Volcy (J.-Louis)	Bonne-Terre	9 00	6 00	Argilo-ferrugineux.	6,000 caféiers Libéria dont 5,500 en rapport.
Idem	Vatobe	7 00	2 00	*Idem.*	4,000 lianes de vanille dont 2,000 en rapport, 300 caféiers Libéria en rapport.
Idem	Manidézara	7 00	1 50	*Idem.*	3,000 lianes de vanille dont 1,500 en rapport.
De la Roche (O.)	Imprévue	12 00	11 00	*Idem.*	22,000 lianes de vanille en rapport et quelques caféiers Libéria.
Volcy (J.-Louis)	Andovobé	5 00	3 50	*Idem.*	5,000 lianes de vanille en rapport, 6,000 caféiers Libéria dont 3,000 en rapport.
Carvaille (J.-P.)	Ambodicoco	4 00	2 00	*Idem.*	400 caféiers Libéria et 200 cacaoyers en rapport.
Reddington (E.)	Mahalina	17 00	12 00	Argilo-alluvionnaire.	9,000 lianes de vanille dont 7,000 en rapport, 3,000 caféiers Libéria dont 1,500 en rapport.

PLANTATIONS EXPLOITÉES DANS LE DISTRICT DE VATOMANDRY.

DATE de L'INSTALLATION sur la concession.	NOM DU PROPRIÉTAIRE.	NOM DE LA PROPRIÉTÉ.	SUPERFICIE TOTALE. hect. a.	SUPERFICIE CULTIVÉE. hect. a.	NATURE DU SOL.	GENRE DE CULTURE.
1891	Salez	Ambodimanga	60 00	17 00	Argileux.	Vanille, café, caoutchouc, riz, manioc.
1893	Lousier (A.)	Antenina	131 65	13 50	Sablo-argileux.	Vanille, manioc, patates, pommes de terre.
1898	Guénot	Ambomangarivo	4 23	2 00	*Idem.*	Vanille.
1899	*Idem*	Ambodianira	13 54	3 50	Sablonneux.	Vanille, manioc.
1872	*Idem*	Ambodizarina	215 99	20 50	Sablo-argileux.	Café, cacao, abacca, riz, manioc, patates, pommes de terre.
1879	*Idem*	Ampasimbola	30 00	10 00	Argileux.	Abacca.
1896	Le Bihan	Les Manguiers	42 19	13 00	*Idem.*	Vanille, café, caoutchouc, canne, riz, manioc.
1881	Delacre	Providence	569 94	27 50	Sablo-argileux marécageux.	Vanille, canne, riz, patates, pommes de terre, etc.
1891	Tourris	La Ressource	24 32	8 50	Sablo-argileux.	Vanille, patates, pommes de terre, etc.
1897	Dauvergne	Tamboro	91 24	7 50	Sablo-argileux calcaire.	Vanille, riz, manioc.
1892	Lousier (J.)	Vodiavolana	102 00	27 00	Alluvionnaire.	Café, canne, manioc, patates, pommes de terre, etc.
?	Philogène (L.)	La Gaieté	13 12	4 00	Sablonneux.	Vanille, café, riz.
1897	*Idem*	Mon Désert	217 56	4 50	Argilo-sablonneux.	Vanille, riz, manioc, patates, pommes de terre, etc.
1896	Parisot	Benitra	?	1 40	Argileux.	Caoutchouc, manioc, patates, pommes de terre, etc.
1896	Corion	La Lucie	5 96	1 90	*Idem.*	Vanille, canne, manioc.
1898	*Idem*	La Julie	66 57	0 75	*Idem.*	Vanille, manioc, patates, etc.
〃	*Idem*	La Fanny	55 53	0 57	*Idem.*	Café, manioc, patates, etc.
1889	Gentil	Betsasaka	5 00	1 58	Sablonneux.	Café, manioc, patates, etc.
1877	*Idem*	La Servitude	131 48	8 75	Sablo-argileux.	Vanille, canne, cacao, riz, manioc.
1886	Michel (Félix)	Convenance	28 29	5 00	Sablonneux.	Vanille, cacao.
1877	*Idem*	Elisabeth	16 61	10 00	*Idem.*	Vanille, cacao, café.
1880	*Idem*	La Louise	4 56	4 56	*Idem.*	Vanille, café.
1898	Agron	Ampassimavo	56 45	14 90	Sablo-argileux.	Vanille, café, caoutchouc, manioc.
1887	Camille	Ambatoarana	142 81	5 00	Argilo-sablonneux.	Vanille, riz, manioc, patates, pommes de terre, etc.
1892	*Idem*	La Mathilde	19 99	1 20	*Idem.*	Vanille, manioc, patates, pommes de terre, etc.
1887	*Idem*	La Louise II	15 91	4 60	*Idem.*	Vanille, manioc, patates, pommes de terre, etc.
1881	*Idem*	Belle-Vue	81 96	2 80	*Idem.*	Riz, patates, etc.
1892	Michel (Henri)	Aurélia	1 52	1 50	*Idem.*	Manioc.
〃	*Idem*	Ruisseau Rose	20 00	4 70	*Idem.*	Vanille, café, cacao, manioc, patates, etc.
1898	Famille Campenon	Ampitamafana	300 00	10 57	*Idem.*	Vanille, café, caoutchouc, cacao, patates, etc.
1888	Poumaroux	Longchamps	10 00	2 50	*Idem.*	Vanille, café, cacao.
1897	Parr	Tamboro	76 34	6 00	*Idem.*	Vanille, café, caoutchouc.
1892	Brée	Ambodijarina	1,500 00	108 80	*Idem.*	Vanille, café, cacao, canne, manioc, patates, etc.
1893	Allard	Ambodihatafana	120 00	23 00	*Idem.*	Vanille, café.
1897	Robles	Morofana	28 00	4 60	*Idem.*	Vanille, riz, manioc, patates, etc.
?	Agathe	Antsasaka	8 00	4 60	*Idem.*	Vanille, café, patates, pommes de terre, etc.

PLANTATIONS EXPLOITÉES DANS LA PROVINCE DE MANANJARY.

DATE de L'INSTALLATION sur la concession.	NOM DU PROPRIÉTAIRE.	NOM de LA PLANTATION.	SUPERFICIE TOTALE.	SUPERFICIE CULTIVÉE.	NATURE DU SOL.	GENRE DE CULTURE.
			hect. a.	hect. a.		
1896	Venot	Les Manguirs	3 99	30 00	Alluvions.	Café, vanille, cacao, caoutchouc.
1896	*Idem*	Tsaravavy	34 00		*Idem.*	*Idem.*
1896	Narras		220 00	57 00	Alluvionnaire en plaine.	Café, vanille, caoutchouc, manioc.
1886	Lauratet	Antsirika	32 00	25 00	Argileux sur les mamelons.	Café, vanille, caoutchouc, cacao.
1898	De Certeau		27 00	10 50	Argileux.	Café, vanille, caoutchouc.
1898	De la Girodoye		118 00	24 00	Sablonneux argileux.	Café, caoutchouc.
1892	Reynaud	Bedara	?	40 00	Argileux.	Café.
1897	*Idem*	Pangalanes	46 00	12 00	Sablonneux.	*Idem.*
?	Crémazy	Salazie	84 00	30 00	Alluvionnaire.	*Idem.*
?	*Idem*	Sainte-Suzanne	57 00		*Idem.*	*Idem.*
1897	Connorton		64 00	20 00	Argilo-sablonneux.	Café, caoutchouc.
1897	De Boussiers		42 00	10 00	Argilo-siliceux.	Café, vanille, caoutchouc, maïs, manioc.
1898	Bail		138 00	21 00	Argileux.	Café, caoutchouc, riz.
1897	Chaponnière		367 65	29 00	Alluvionnaire et argileux.	Café, cacao, caoutchouc, riz, manioc.
1898	Lacharme (Cie lyonnaise)		1,600 00	90 00	*Idem.*	Café, vanille, caoutchouc, coton.
1898	Vernet		45 00	11 50	Argilo-sablonneux.	Café, vanille, caoutchouc.
1897	Petit		180 00	23 00	Argilo-siliceux alluvionnaire.	Café, caoutchouc.
1898	Sauze		100 00	20 00	Argilo-sablonneux alluvionnaire.	*Idem.*
1898	Bigouret		300 00	27 00	Argilo-siliceux.	Café.
1898	De Villemandy		100 00	15 51	Argileux.	Café, vanille, caoutchouc.

PLANTATIONS EXPLOITÉES DANS LE DISTRICT D'ANDÉVORANTE.

DATE de L'INSTALLATION sur la concession.	NOM DU PROPRIÉTAIRE.	NOM de LA PLANTATION.	SUPERFICIE TOTALE.	SUPERFICIE CULTIVÉE.	NATURE DU SOL.	GENRE DE CULTURE.
			hect. a.	hect. a.		
1896	MARICOT.........	La Bourdonais...	79,522 00	30 00	Terre végétale.	Café, cacao.
1876 abandonnée et reprise en 1898	MAIGROT.........	Moka.........	700 00	228 00	Argilo-sablonneux.	Cacao, girofle, 200 hectares de rizières.
1898	PERROTIN (René)...	Espagne (Suc[on])...	106 00	7 00	*Idem.*	Café moka, manioc, arrow-root, arachides.
1892	JOUCOURT.........	....	14 00	1 00	*Idem.*	Culture maraîchère.
1893	MEULI.........	Herminia.......	15 00	3 00	*Idem.*	Café, cacao, caoutchouc.
1898	DUCRAY.........	Saint-Guy......	30 00	8 00	Argileux.	Café, cacao, caoutchouc.
1897	XAVIER (Léonce)...	Sainte-Thérèse...	82 00	8 00	Alluvionnaire.	Café, arbres fruitiers, rizières.
1897	CERNEAUX (Jean)...	Sainte-Vivienne..	104 00	8 00	Argileux.	Cannes, légumes.
1897	MARCEL.........	La Marcelline...	3 47	1 00	Sablonneux.	Légumes.
〃	PERDREAUX.......	....	5 00	〃	Argilo-sablonneux.	Riz, manioc, cannes.
1896	D'EMMIANÉE (P.)...	Beauchamps....	11 63	8 00	Alluvionnaire.	7 hectares vanille, légumes.
1897	ALLY.........	Avenir.........	2 73	0 50	Sablonneux.	Caoutchouc, légumes.
〃	D'EMMIANÉE (F.)...	Héritage.......	2 00	0 50	Argilo-sablonneux.	Café, légumes.
〃	LIENARD.........	....	2 50	1 00	*Idem.*	Café, vanille.
1897	EMIOT.........	....	1 06	0 50	Argileux.	Essais.
1898	HARDY.........	....	3 00	1 00	Argilo-sablonneux.	Vanille, 1 hectare manioc, culture maraîchère.
〃	GUÉNOT.........	....	4 00	2 00	Terre végétale.	Vanille 1 hectare, essais 1 hectare.
〃	LOUIZIER.........	Lutèce.........	100 00	〃	Alluvionnaire.	Propriété abandonnée.
〃	DUPONT.........	....	2 00	1 00	Argilo-sablonneux.	Vanille et essais.

PLANTATIONS EXPLOITÉES DANS LA VALLÉE DE L'IVOLINA (PROVINCE DE TAMATAVE).

NOM DU PROPRIÉTAIRE.	NOM de LA PLANTATION.	SUPERFICIE		NATURE DU SOL.	GENRE DE CULTURE.
		TOTALE.	CULTIVÉE.		
		hectares.	hectares.		
Veuve Majastre	Sahahoka	20	10	Argileux.	Bananes, cannes à sucre et quelques caféiers et cacaoyers.
Dupuy (Isaïe)	Rakalava	50	8	Sablonneux et argileux.	3 hectares de cacaoyers, 1 hectare de caféiers et 4 hectares de bananiers.
Bauristhène	Jurançon	50	40	Sablonneux.	600 caféiers bientôt en rapport, 4,500 bananiers en rapport.
Dupuy (J.)	Ampirarazana	20	10	*Idem.*	Maïs, riz, bois noir.
Idem	Andapa	6	1	*Idem.*	Bananiers, cocotiers, arbres fruitiers.
Brawn	Anamalosa	//	//	Sable et argile.	200 caféiers en rapport, 100 cocotiers, 50 bibassiers.
Bauristhène	Maromandraka	40	10	*Idem.*	2,000 cacaoyers, 3,000 bananiers en plein rapport.
Dupuy (J.)	Ambodimosiga	100	22	*Idem.*	4,000 bananiers, 3,000 cacaoyers, 4,000 caféiers en plein rapport.
Laroque (Pierre)	Mauritia	350	225	*Idem.*	12,000 cacaoyers, 700 caféiers, 300 girofliers en plein rapport.
Weight	Helvetia	//	//	*Idem.*	3 hectares de caféiers abandonnés par le propriétaire parti.
Dupuy (J.)	Sahanambo	25	6	*Idem.*	2 hectares de cacao, 1 hectare de café, 3 hectares de bananiers.
Wilson	La Chance	200	20	*Idem.*	4,000 cacaoyers en rapport, quelques caféiers Libéria.
Bauristhène	Bagatelle	50	20	*Idem.*	3,000 cacaoyers, 3,000 caféiers, 2 hectares de maïs, 4,000 bananiers.
Barrau	Belle Eau	500	20	*Idem.*	5 hectares de manioc, 5 hectares de caféiers, 10 hectares de riz et maïs.
Beusch	Cyrano	60	25	*Idem.*	1,000 cacaoyers, 2,000 caféiers.
Dupuy (J.)	Avenir	1,000	200	*Idem.*	Cannes à sucre.
Bauristhène	Marly	20	//	*Idem.*	2 hectares de manioc, 350 thés.

PLANTATIONS EXPLOITÉES DANS LA VALLÉE DE L'IVONDRONA (PROVINCE DE TAMATAVE).

NOM DU PROPRIÉTAIRE.	NOM de LA PLANTATION.	SUPERFICIE TOTALE.	SUPERFICIE CULTIVÉE.	NATURE DU SOL.	GENRE DE CULTURE.
		hectares.	hect. a.		
ORIEUX	Germaine	50	//	Argileux.	20,000 pieds de vanille.
VOLLARD	Ivondro	20	//	*Idem.*	18,000 pieds de vanille.
DELOUTE	Mahasoa	60	10 00	*Idem.*	Vanille, bananes.
MARICOT	Mon Repos	15	4 60	*Idem.*	Café, giroflier.
BARGOIN	Vézau	100	7 00	*Idem.*	Riz, bananes, café.
DAMOUT-DUMAZEL	Melville	200	85 01	*Idem.*	Canne, thé.
DUPUY et Cie	Victoria	50	2 04	*Idem.*	Café, cacao, thé, arbres fruitiers.
BALISSON	Espoir	70	4 00	*Idem.*	Arbres fruitiers, cocotiers.
DUPUY	Constantine	150	18 04	*Idem.*	Café, cacao, giroflier, bananes.
CASTEL-DUGENET	Mahambo	30	4 03	*Idem.*	Café, arbres fruitiers.
OLIVE	Ambodivohangy	60	21 00	*Idem.*	Café, cacao, bananes.
Veuve REDDINGTON	Ampalide	40	18 00	*Idem.*	Bananes, riz, arbres fruitiers.
Veuve ARMILPHI	Sans Souci	20	4 00	*Idem.*	Riz, palmiers.
Veuve RÉPÉCOT	Marguérité	50	19 01	*Idem.*	Café, cacao, giroflier, bananes.
CHANTEPIE	Mont Calvaire	6	6 00	*Idem.*	Café, cacao, vanille, bananes.
Idem.	Mont Fenat	20	5 00	*Idem.*	Riz, arbres fruitiers.
LEBRUN	Saint-Armand	50	8 00	*Idem.*	Café, bananes, riz, manioc.
DELOUTE	Androhovolo	60	18 00	*Idem.*	Café, cacao, bananes, riz, manioc, caoutchouc.
DUPUY	Andavakambe	7	6 00	*Idem.*	Tabac, bananes, riz, manioc.
BAPTISTE	Antananiranty	20	20 00	*Idem.*	Café, vanille, bananes, riz, manioc, arbres fruitiers.
TOUSSAINT-PAYER	Ambinafanandra	10	0 09	*Idem.*	Café, cacao, bananes.
BALISSON	Matahigetra	40	9 00	*Idem.*	Cocotier, riz, maïs, manioc, arbres fruitiers.
Veuve PEARSON	Manambatrano	20	6 00	*Idem.*	Bananes, riz.
PONOUA	Mon Plaisir	50	25 02	*Idem.*	Café, caoutchouc, bananes, riz.

PLANTATIONS EXPLOITÉES DANS LA PROVINCE DE NOSSI-BÉ.

DATE DE L'INSTALLATION sur la concession.	NOM DU PROPRIÉTAIRE.	SUPERFICIE TOTALE.	SUPERFICIE CULTIVÉE.	NATURE DU SOL.	GENRE DE CULTURE.
		hect. a.	hect. a.		
1851	Veuve Arnal	400 00	20 00	Volcanique.	Canne, vanille, café.
1897	Bicarmin	84 25	1 00	*Idem.*	Vanille.
1898	Clélie Lakermance	22 70	2 50	*Idem.*	Vanille, café.
1876	Clain	275 00	3 00	*Idem.*	Canne, vanille.
1866	Veuve Carolus	75 00	3 00	*Idem.*	Canne, vanille.
1897	Clément (Léon)	27 82	3 00	*Idem.*	Vanille.
1895	Crétois	21 44	8 00	*Idem.*	Vanille, café.
?	Veuve Défaud	8 50	1 00	*Idem.*	Vanille.
1866	Héritiers Poisson	562 00	81 00	*Idem.*	Canne, vanille.
1863	De Lastelle	587 00	17 00	*Idem.*	Canne, vanille.
1894	Frey	6 00	2 00	*Idem.*	Vanille.
1866	Héritiers Fraipout	690 00	30 00	*Idem.*	Canne.
1897	Fouquet	40 00	9 00	*Idem.*	Vanille, café.
1896	Gaston (Paul)	2 50	2 50	*Idem.*	Vanille.
1866	Héritiers Lestang	137 00	1 00	*Idem.*	Vanille.
1897	Lakermance (Clément)	11 39	6 00	*Idem.*	Vanille, café.
1866	Legros (Paul)	145 00	29 00	*Idem.*	Canne, vanille, café.
1898	Mercier (Théodore)	21 68	0 50	*Idem.*	Vanille.
1866	Héritiers Moreau	983 00	98 00	*Idem.*	Canne, vanille, café, cacao.
1866	Mersanne	435 00	115 00	*Idem.*	Canne, vanille, café.
1894	Maillot (Pierre)	7 50	7 50	*Idem.*	Vanille.
1866	Rouvier	716 00	10 50	*Idem.*	Canne, vanille, café.
1866	Razie (Louis)	23 00	1 50	*Idem.*	Vanille, café.
1866	Robert (Judith)	36 00	1 00	*Idem.*	Café.
1891	Valentin (Camille)	17 76	16 00	*Idem.*	Vanille.

CAPITAUX NÉCESSAIRES À LA CRÉATION D'UNE ENTREPRISE AGRICOLE.

Il semble résulter de l'expérience que, dans les zones côtières, une somme de 800 à 1,000 francs par hectare est indispensable pour la création et l'entretien jusqu'au moment de la période de production d'une plantation portant sur une des riches essences tropicales qui croissent dans ces régions. Nous estimons donc que, pour créer et mettre en valeur, sur le littoral, une concession de 100 hectares renfermant 60 hectares de terres se prêtant à la culture du caféier, du cacaoyer, de la vanille, etc., il ne faut pas dépenser moins de 70,000 à 80,000 francs jusqu'à l'époque des premiers bénéfices. Il est vrai qu'une plantation de 60 hectares de caféiers, par exemple, peut être la source de très gros revenus. C'est surtout vers les régions presque encore vierges de tentatives de colonisation agricole, les provinces de Fénérive, Maroantsetra, Vohémar et la côte ouest que devront maintenant se porter les planteurs.

Sur le plateau central, le colon devra s'attacher avant tout aux cultures indigènes. Pour venir dans la Colonie, s'installer dans l'Imerina ou le Betsileo, mettre en valeur une concession de 100 hectares et attendre la période des bénéfices, nous croyons qu'il est indispensable que l'immigrant qui veut coloniser dans ces contrées possède, à son départ de la Métropole, un capital de 12,000 à 15,000 francs au minimum.

FACILITÉS OFFERTES AUX IMMIGRANTS.

Sur le budget général de l'État, le Département accorde aux immigrants qui disposent d'un capital de 5,000 francs au moins le passage gratuit de Marseille à Madagascar. La modicité des ressources du budget local n'a pas permis jusqu'ici à la Colonie de secourir pécuniairement les immigrants.

Cependant des subventions qui ne peuvent dépasser 4,500 francs sont accordées, pendant les deux premières années de leur installation, aux militaires libérables du corps d'occupation, déjà possesseurs de ressources, qui expriment le désir de coloniser sur le plateau central.

GRANDE COLONISATION.

Il est impossible de se prononcer actuellement sur les avantages et les inconvénients de la grande colonisation à Madagascar, les sociétés ayant obtenu la concession de très vastes superficies n'ayant pas eu encore le temps de commencer à les mettre en valeur.

Le tableau suivant mentionne les grandes concessions qui ont déjà été accordées définitivement dans la colonie ou ont fait seulement l'objet de projets de contrat soumis à l'approbation du Département :

ÉTAT DES CONCESSIONS ET LOCATIONS DE TERRES DOMANIALES AYANT FAIT L'OBJET DE CONTRATS SPÉCIAUX DÉFINITIFS OU DE PROJETS DE CONTRAT SOUMIS À L'APPROBATION MINISTÉRIELLE.

NOMS DES DEMANDEURS.	SUPERFICIES DEMANDÉES.	SITUATION DES IMMEUBLES.	OBSERVATIONS.
	hectares.		
LOCAMUS	100,000	Presqu'île de Bavatobé.	Convention du 9 juillet 1899, approuvée par décret du même jour.
	2	Île de Nossi-Comba	
POISSONNIER DES PERRIÈRES	150,000	Massif d'Ambre	Projet de contrat soumis à l'approbation ministérielle.
	25,000	Baie de Marolakely	
	5,000	Baie de la Mahajamba.	
	5,000	Baie de Bombetoka	
	25,000	Baie de Baly	
	5,000	Baie de Saint-Augustin.	
	20,000	Entre les monts Vohibe, Sotry, Betroky, Jaborana et Imontana.	
	150,000	Entre les fleuves Manorona et Matitanana.	
	20,000	Cercle d'Ankazobé.	
	100	A proximité de Tamatave.	
	100	A proximité d'Amboanio	
	100	A proximité de Fort-Dauphin.	
COMPAGNIE FORESTIÈRE MINIÈRE (*Le Vassor d'Yerville*).	85,000	Cercle-annexe de la Grande-Terre.	*Idem.*
SOCIÉTÉ FRANÇAISE DE RECHERCHES ET D'EXPLOITATION DE GISEMENTS AURIFÈRES.	80,000	*Idem*	*Idem.*
MICHELIN ET Cie	35,000	*Idem*	*Idem.*
Mme PLIHON	22,000	*Idem*	*Idem.*
Mme DES ESSARTS	21,000	*Idem*	*Idem.*
DELHORBE	190,000	*Idem*	Concession accordée par un décret non encore notifié à l'administration locale.
	100,000	Province de Tuléar	
DURET DE BRIE	20,000	Cercle-annexe de la Grande-Terre.	*Idem.*

NOMS DES DEMANDEURS.	SUPERFICIES DEMANDÉES.	SITUATION DES IMMEUBLES.	OBSERVATIONS.
	hectares.		
Société française d'études et entreprises à Madagascar.	40,000	Cercle-annexe de la Grande-Terre.	Projet de convention soumis à l'approbation ministérielle.
Lesueur	2,500	Île de Nossy-Lava	Concession provisoire accordée le 13 janvier 1897.
Mathieu	4,000	Île Berafia	Location consentie le 13 janvier 1897.
De Boulogne	250,000	Cercle de Maintirano	Concession accordée par un récent décret non encore notifié à l'administration locale.
Compagnie française d'agriculture.	3,000,000	Province de Farafangana et Cercle-annexe de Fort-Dauphin.	*Idem.*
Gindre	8,000	Province de Farafangana.	Concession provisoire accordée le 26 octobre 1898.
Levilly et Chapman	5,000	District de Vatomandry.	Concession provisoire accordée le 14 novembre 1898.
Maricot	32,000	District d'Andévorante.	Concession définitive accordée le 6 mai 1898.
Richard et Bousson	100,000	Cercle de Tsiafahy	Concession provisoire accordée le 2 juin 1898.
D'Yerville	25,000	Cercle de Miarinarivo.	Location consentie le 15 novembre 1898.
Doerrer	11,564	*Idem*	Location consentie le 29 février 1899.
Compagnie coloniale et des mines d'or de Suberbieville et de la côte ouest.	1,503,000	Bassins de l'Ikopa, de la Betsiboka et de la Menavava et Pointe-d'Amboanio.	Convention du 28 mars 1899, approuvée par décret du même jour.
Marchal	25,000	Cercle-annexe de Fort-Dauphin.	Concession définitive résultant d'un contrat en date du 3 octobre 1898.
Société roubaisienne de Madagascar.	150,000	Cercles d'Ambatondrazaka et d'Analalava.	"
Paulmar	"	"	"

MAIN-D'ŒUVRE.

On ne peut nier que le recrutement des travailleurs dont ont besoin nos colons ne soit généralement assez difficile à Madagascar. Le peu de densité de la population indigène, son apathie et son inclination à la paresse constituent, à l'essor de la colonisation, des obstacles auxquels il est difficile de remédier du jour au lendemain. En tous cas, l'humanité, la justice, les bons traitements, un salaire équitable sont plus que partout ailleurs indispensables au maintien sur les chantiers des travailleurs engagés par les entreprises publiques ou privées.

Pour faciliter aux colons le recrutement de la main-d'œuvre qui leur est utile, divers arrêtés, en date du 16 janvier 1900, ont réglementé les engagements de travail des indigènes; ils ont également accordé à ces derniers, lorsqu'ils sont engagés au service d'Européens pour une durée d'au moins une année, l'exemption de la moitié des prestations, qui sont de 30 jours par an; enfin ils ont fixé le minimum de salaires à 0 fr. 40 par jour dans les campagnes, et à 0 fr. 60 dans les principaux centres de la Colonie.

Le salaire ordinaire moyen des travailleurs agricoles est de 12 francs par mois, plus deux mesures de riz, valant ensemble environ 0 fr. 25, par jour.

La question de la main-d'œuvre est capitale à Madagascar. L'exécution des gros travaux publics projetés semble subordonnée à l'introduction de travailleurs étrangers (Asiatiques ou Africains), le pays ne pouvant fournir le contingent d'ouvriers qu'ils exigeront qu'au détriment de la colonisation et de la production indigène, notamment de la culture du riz, qui demeure cependant une des richesses les plus certaines de la grande Île.